锐普的
100个PPT秘诀

陈魁·著

中国水利水电出版社
www.waterpub.com.cn
·北京·

内 容 简 介

1. 观众满意的才是好 PPT，不是自己满意

《好 PPT 坏 PPT 锐普的 100 个 PPT 秘诀》是从 PPT 的本质（观众的认知工具）出发，站在观众体验的角度，揭示好 PPT 的五个层次：可信、放松、悦目、动心、惊喜，并围绕这五个层次阐述了好 PPT 的 100 条秘诀。

2. 游戏化学习，边猜边学，乐趣无穷

《好 PPT 坏 PPT 锐普的 100 个 PPT 秘诀》结构非常简单，100 个碎片化小节，每节都由"猜答案＋学秘诀"两页组成，先让你猜猜哪种做法是好 PPT，哪种是坏 PPT，然后告诉你答案和秘诀。没有说教，只有趣味，旨在让你轻松掌握 PPT 的真谛。

3. 全部采用锐普商业案例，每个案例价值 5 万元起

《好 PPT 坏 PPT 锐普的 100 个 PPT 秘诀》的案例全部是锐普做的商业案例，每个案例都价值几万元至十几万元不等，并经过真实客户商业验证，获得较好的演示效果。

4. 不讲技巧，全面提升你的眼界和思维

《好 PPT 坏 PPT 锐普的 100 个 PPT 秘诀》认为做好 PPT 的关键不在于技巧，而在于思维和眼光，那些技巧、资源在互联网上都能找到。本书就为提升你的思维和眼光，帮你打造做 PPT 的强大内功。

5. 像画册一样精美

《好 PPT 坏 PPT 锐普的 100 个 PPT 秘诀》由锐普设计师用心设计，每个细节都精心打磨，让看书变成一件赏心悦目的事情，珍藏、送人都有范儿。

《好 PPT 坏 PPT 锐普的 100 个 PPT 秘诀》适用于所有希望做好 PPT 的人群！

图书在版编目(CIP)数据

好PPT 坏PPT 锐普的100个PPT秘诀 / 陈魁著. —

北京：中国水利水电出版社，2019.11（2019.11重印）

ISBN 978-7-5170-8065-7

Ⅰ.①好… Ⅱ.①陈… Ⅲ.①图形软件 Ⅳ.

①TP391.412

中国版本图书馆CIP数据核字(2019)第207497号

书　　名	好 PPT 坏 PPT 锐普的 100 个 PPT 秘诀 HAO PPT HUAI PPT RUIPU DE 100 GE PPT MIJUE
作　　者	陈魁 著
出版发行	中国水利水电出版社 （北京市海淀区玉渊潭南路 1 号 D 座 100038） 网址：www.waterpub.com.cn E-mail：zhiboshangshu@163.com 电话：（010）62572966-2205/2266/2201（营销中心）
经　　售	北京科水图书销售中心（零售） 电话：（010）88383994、63202643、68545874 全国各地新华书店和相关出版物销售网点
排　　版	北京智博尚书文化传媒有限公司
印　　刷	河北华商印刷有限公司
规　　格	170mm×240mm 16 开本 14.75 印张 459 千字 2 插页
版　　次	2019 年 11 月第 1 版 2019 年 11 月第 2 次印刷
印　　数	10001—30000 册
定　　价	99.80 元

每个人都希望做好 PPT，而不是坏 PPT。
但可惜的是，

99% 的人都在做坏 PPT。

为什么

别人的 PPT 一页上千元，你的 PPT 却一文不值？
别人的 PPT 让领导称赞，你的 PPT 却问题一片？
别人的 PPT 让观众入神，你的 PPT 却让观众昏昏欲睡？

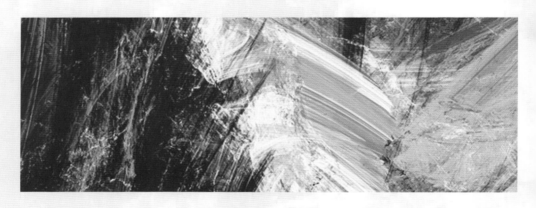

是因为你不够努力吗？
是因为你没有做 PPT 的天赋吗？
还是因为你掌握的 PPT 技巧不够多？

NO！

是眼光限制了你的想象力！

也许见到的好 PPT 不多，觉得天下的 PPT 都一样。

也许你见过一些好 PPT，却看不出其中的道理。

或者你觉得好 PPT 都是专业公司制作的，自己可望而不可及。

或者你认为自己的 PPT 做得还不错，甚至还有些沾沾自喜。

改变，就从《好 PPT 坏 PPT》开始吧！

100 个小节，就是 100 个秘诀，相信每个秘诀都能让你惊喜不已。

不讲理论，只讲案例，前后对比，一看就会。

每个作品都是真实案例，2000 元一张，500 强企业买单，你只负责学习。

碎片化阅读，不需要系统时间，随时学习。

来吧！

和我们一起，

利用你上下班路上或者课间休息的时间，

就可以成为一个 PPT 达人，

从此脱颖而出，

做出好的 PPT！

愿每一位读者都能掌握这些秘诀，更好地驾驭招式，做出真正优秀的 PPT。

陈 魁

本书构成

每个秘诀由两页构成。第一页，猜一猜，通过案例对比形式，比较两种做法哪种更好，并思考为什么。第二页，学一学，给出答案，并对案例进行分析，揭示锐普的秘诀。

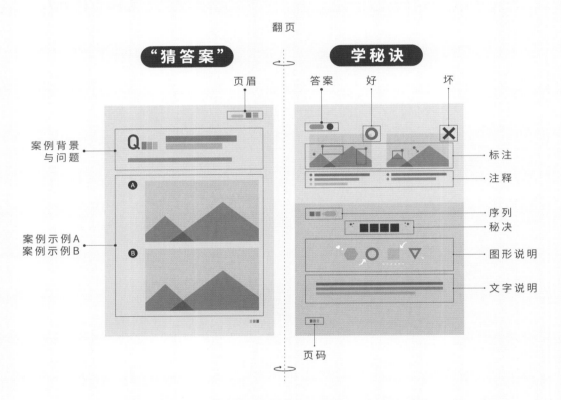

基于客户要求，部分项目会把客户名称改为"某某集团""某某公司""某某市""江海市"等。其中所涉及的数据，也做了调整，不代表真实的数字。

怎样学习

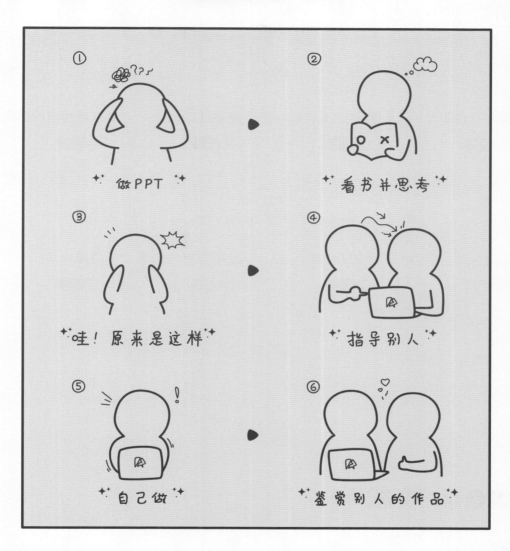

第❶章 可信

风格适应场合

003

文字不出错
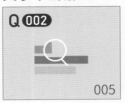
005

图片真实

007

图片紧扣主题

009

图片符合调性

011

图片贴近观众

013

高品质的图片

015

采用合适的图表

017

选用合适的字体

019

不遮挡人脸

021

慎用夸张的切换
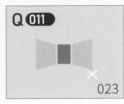
023

结尾升华

025

第❷章 放松

突出观点
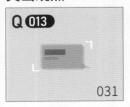
031

精简文字
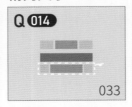
033

图示化
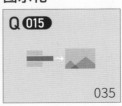
035

大字点燃情绪

037

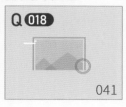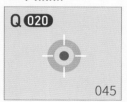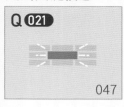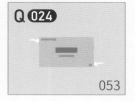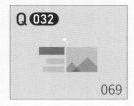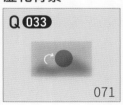

第❸章 悦目

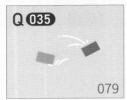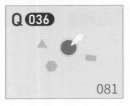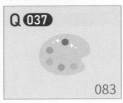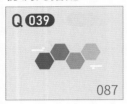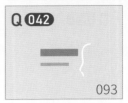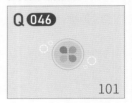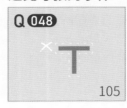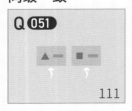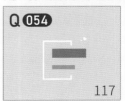

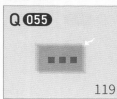

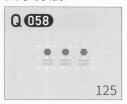

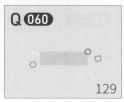
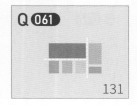

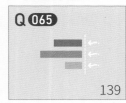
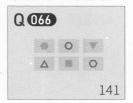

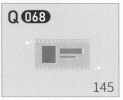

第❹章 动心

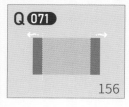

第❺章 惊喜

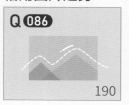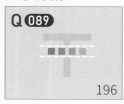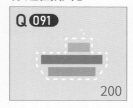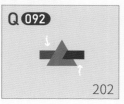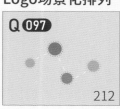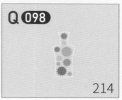

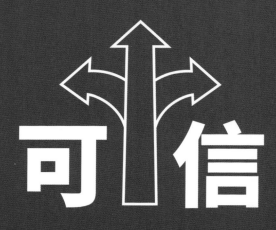

CREDIBLE

第 ❶ 章

——

信任是 PPT 的基石。务必确保任何一个观点、证据、逻辑都准确无误，经得起推敲。

Q001 政府招商推介 PPT 哪个风格更合适?

这是锐普给某市做的招商推介 PPT 实例。

B

政务服务平台
部门权责清单、市长信箱、便民快捷服务以及企业变更、年审、纳税、注销、准营、身份证办理、老人福利等服务一站式办理

创新创业平台
集项目申报、场地展示、补贴申请、风投接洽、成果交易、天使合作、贷款申请、奖金申报等一体解决机制,促进创新创业成果转化

产业承载平台
已形成装备制造、再生资源利用与环保新能源新材料、大健康、电子信息、化工、农产品深加工等七大主导产业基地

要素保障平台
园区基础设施、土地水电气价、交通运输、通讯网络、融资条件、人力资源、教育医疗生活等综合产业服务机制

2018江海·荆门市招商推介大会

答案 A

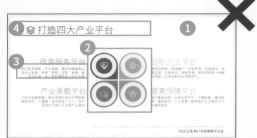

❶ 大图衬底，沉浸感强

❷ 删除解释性文字，更简洁

❸ 色彩统一、简约

❹ 去除页眉、页脚等重复元素，观众聚焦于主题

❶ 白色背景单调，缺少吸引力

❷ 复杂的图表难以理解

❸ 大量的文字堆砌让观众难以阅读

❹ 累赘的页眉、页脚过于分散观众的注意力

秘诀

✦ 风格适应场合 ✦

　　企业宣传 PPT 精美，招商推介 PPT 大气，产品发布 PPT 震撼，工作汇报 PPT 朴实，培训课件 PPT 生动，咨询报告 PPT 商务，学术研究 PPT 严肃。每种 PPT 的风格和制作思路差异很大。

Q002 政府工作汇报 PPT 哪个文字是正确的？

这是锐普给某市做的花博会申报 PPT 实例。

答案 **B**

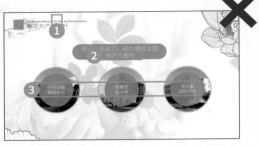

● 标题、翻译、断句等都仔细斟酌过，准确无误

❶ "树立"的"树"竟然翻译成了 Tree

❷ 错误的断句诞生了"性研究基地"，非常尴尬

❸ 错误的断句让文字难以理解

秘诀

✦ 文字不出错 ✦

　　错误的文字就像苍蝇。一个错字就会让观众质疑整个 PPT 的专业性，甚至闹出笑话。常见的错误有：错别字、错误的标点、错误的翻译、不恰当的断句、引用错误的数据、违反常识的观点等。这些都是务必杜绝的。

Q003 企业文化介绍 PPT 用哪张图片更合适?

这是锐普给某化工集团做的企业介绍 PPT 实例。

海纳百川
事在人为
我们的文化

热爱生活
珍惜生命
不要带血的利润

海纳百川
事在人为
我们的文化

热爱生活
珍惜生命
不要带血的利润

答案 B

● 采用该公司真实拍摄的照片，尽管表情各异，甚至有些心不在焉，但正是这种真实性，把企业文化——"不要带血的利润"深刻地表现出来了

● 选用了国外通用模特的照片，虽然照片色彩明亮、姿势到位，但一看就不具真实性，降低了观点的说服力

秘诀  003

图片真实

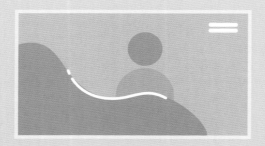

　　照片是有力的证据。一张不那么漂亮的真实照片，远比 100 张漂亮的通用照片更有说服力。即便没有真实照片，替代的图片中也要放上 Logo，并尽量选用中国人模特。

Q004　企业形象介绍 PPT
用哪张图片做背景更合适？

这是锐普给某燃具集团做的企业介绍 PPT 实例。

❶ 电焊工，与燃气制造过程更匹配

❷ 红色服装与 Logo 色相呼应，也符合燃气行业的色调

❸ 白色的光与深色背景对比强烈，画面更有层次

❶ 木材加工与燃气制造关联不大

❷ 蓝色、黄色比较显眼，与燃气行业色调不符合

❸ 画面明暗对比不强，不够精细

秘诀  004

图片紧扣主题

　　选用图片时，可以先列举关键词，比如：主题、行业、人物、色调、角度，关键词越具体，选取的图片越精准。比如上例，我们选取的关键词包括：工匠、家电、艰苦创业、科技、专注、红色等。

Q005 企业发展历程 PPT
用哪张图片做背景更合适？

这是锐普给某化工集团做的企业介绍 PPT 实例。

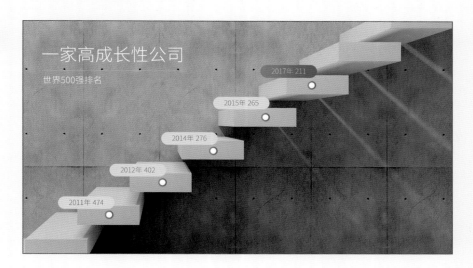

 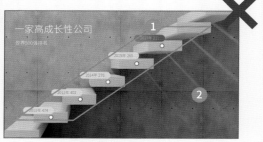

❶ 巍峨的雪山，更符合 500 强企业的调性

❷ 画面明亮，适合用来表现排名

❶ 楼梯格局较小，能表现小企业或个人的成长路径，很难承载一个 500 强企业的分量

❷ 画面灰暗、压抑，与主题的调性也不符

秘诀

图片符合调性

　　每个公司都有自己的调性。世界级大公司，偏向大气、沉稳、厚重的图片；中小型企业，偏向精致、细腻的图片；科技型公司，偏向未来感的图片；环保型公司，偏向清新的图片；时尚型公司，偏向唯美的图片……找准每个公司的调性，并选择相匹配的照片。对于一家世界 500 强企业，宇宙、星空、大海、高山才是符合其调性的图片，避免使用小格局的图片。

Q006 产品推介 PPT
用哪张图片做背景更合适？

这是锐普给某电商集团做的意大利推介会 PPT 实例。

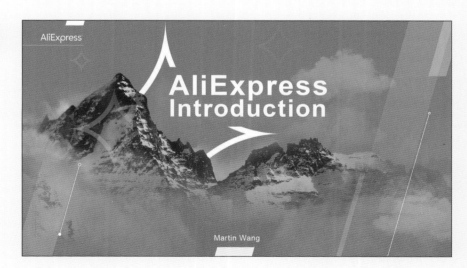

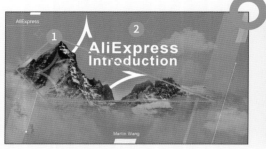

❶ 意大利尽人皆知的大帕拉迪索山，用此图一下就拉近了与现场意大利观众的距离

❷ 整体的暖色调符合该公司的 VI 色，也能让氛围更热烈

❶ 抽象的地球远景图难以触动现场的意大利观众

❷ 深色背景与白色、橙色图形对比，画面有些零碎

秘诀 006

✦ 图片贴近观众 ✦

　　人都是有感情的，PPT 当然也需要有感情。如果你的第一张图就能跟观众拉近距离，则无疑成功了一大步。在第一张 PPT 里，最好出现观众喜欢的元素，如：客户方的 Logo、所在地的地标、观众所喜欢的人物、观众最好奇的产品等。

Q007 团队介绍 PPT
用哪张图片更显得专业？

这是锐普介绍自己培训团队的 PPT 实例。

答案 **B**

❶ 在影棚拍摄的照片，人物的面貌、穿着、背景都很到位，给人以专业和信赖感

❷ 文字和人物做了穿插效果，画面更有层次感

❶ 普通的生活照很难体现专业性，也难以赢得信赖

❷ 文字与图片分离，遮盖了人物头像

秘诀 **007**

高品质的图片

　　图片的质量很大程度上决定了PPT的质量。要选择精度高（满屏图片宽度至少在1920像素以上）、色彩明亮、饱和度高、对比明显、画面有层次、焦点突出、符合场景需要的图片。企业级PPT推荐用单反拍摄照片或者购买版权图片。

Q008 表现团队结构
用哪种图表更准确？

这是锐普给某共青团委做的工作汇报 PPT 实例。

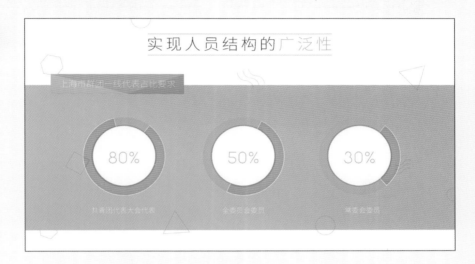

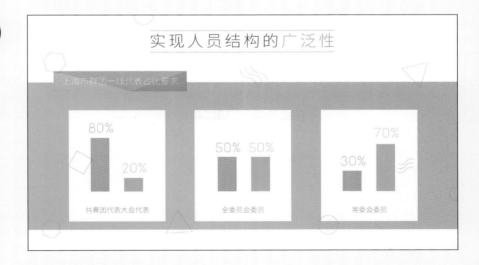

❶ 饼图更适合强调所占的比例

❷ 因蓝色与背景色接近，红色部分更突出

❶ 柱形图会引导观众思考绝对值的大小，而不是它们在一个整体中所占比例的大小

❷ 蓝色与红色并列，观众无法分清哪一个是重点

秘诀 008

✦ 采用合适的图表 ✦

　　饼图强调比例、柱图强调数值、线图强调趋势、雷达图强调优劣、气泡图强调分布、面积图强调规模……准确理解每种图表的重点和适用条件，选择合适的图表。

Q009 表现名人名言用哪种字体更合适?

这是锐普给某培训机构做的 PPT 实例。

❶ 采用书法体（苍劲行楷）更能强化"杀不死""强大"等文字的力量感

❷ 文字错落排列，抑扬顿挫，更有感染力

❶ 细黑体简约、时尚，与主题所表达的力量、沉重的氛围不协调

❷ 文字整齐划一，方方正正，给人冷静、理性的感觉

秘诀 009

选用合适的字体

　　每种字体都有自己的气质。根据主题选择合适的字体，能强化演示者的情感诉求。一般来说，粗黑体、书法体给人有力的感觉，纤细的字体给人轻盈的感觉，卡通字体给人活泼的感觉，宋体等衬线字体给人艺术的感觉。

Q010 表现服务理念
哪一张背景更好？

这是锐普给某酒店做的企业介绍 PPT 实例。

答案 A

● 采用不含人物的酒店内部照，图标和文字都比较醒目

❶ 图标盖在人的面部之上，对人不尊重

❷ 面部容易吸引人的注意力，会导致观众盯着人脸看

秘诀  010

✦ 不遮挡人脸 ✦

　　人物面部，特别是眼睛，是非常有冲击力的元素。作为背景使用时，不要遮盖面部。遮盖，一方面是对人的不尊重，更重要的是，越遮挡观众越关注，会分散观众对主题的注意。

Q011 表现工作成果
哪一种切换效果更好？

这是锐普给某县政府做的工作汇报 PPT 实例。

答案 A

● 采用淡入淡出的页面切换，在不知不觉中进行内容的转换

● 采用日式折纸的切换效果，上一页的页面变成了一只千纸鹤，扑腾扑腾飞出去。你真的希望让这些辛辛苦苦得到的荣誉飞走吗

秘诀 **011**

✦ 慎用夸张的切换 ✦

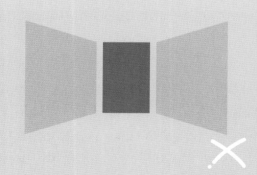

　　建议采用平滑、淡入淡出、推入、擦除等细微型的切换动画，慎用华丽的切换动画，特别是蜂窝、闪耀、涡流、飞机、日式折纸、折断、压碎等，这些切换会严重干扰观众注意力，破坏演示的连续性。

Q012 表现招商引资 哪一种结尾更有效？

这是锐普给某市政府做的招商推介 PPT 实例。

❶ 在介绍了某市的优势、政策、项目之后，现场企业家已经心潮澎湃了，最后这句"欢迎来江海发大财"，直接号召采取行动，实实在在，画龙点睛

❷ 以江海市的鸟瞰图做背景，更能让人产生联想

❶ "聆听"一词通常用在下级对上级、晚辈对长辈、学生对老师、粉丝对偶像的倾听，用在这里容易引起误解

❷ 纯感谢的结尾过于流程化，无法激发观众的行动

❸ 抽象的科技背景，不符合城市招商引资的调性

秘诀 012

结尾升华

除了感谢，结尾还可以用：

期待型——明年再见！欢迎来 ** 做客！期待能够合作！一起加油，再上新台阶！

祝福型——愿各位新年发大财！祝大家节日愉快！

承诺型——给我一个机会，给你一个世界！

提问型——未来的 ** 会是什么样的呢？

回顾型——回顾 PPT 内容，加深印象。

口号型——重复你的口号，引起共鸣。

彩蛋型——留个彩蛋，让观众期待下次分享。

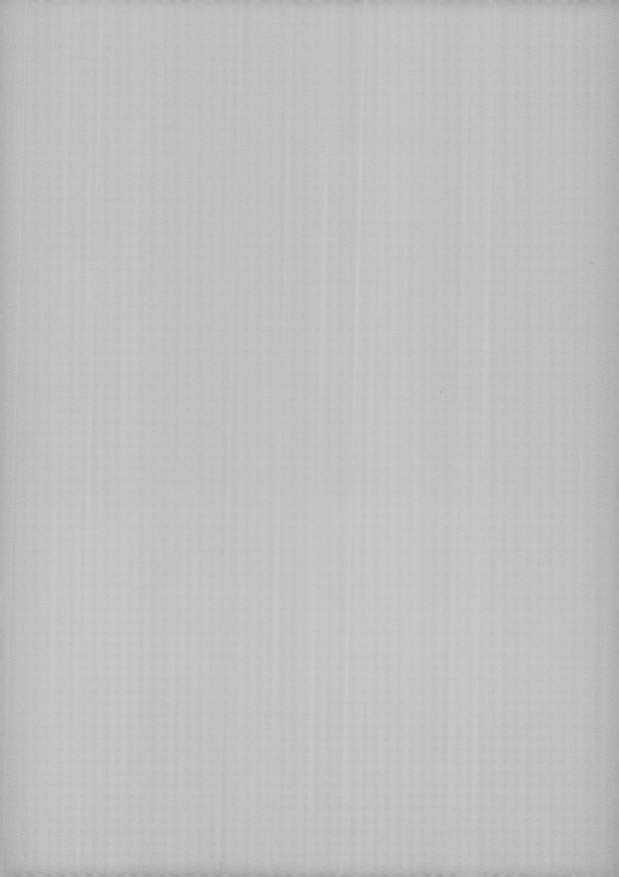

放松

RELAXING

第②章

———

运用精简、提炼、图示、对比、比喻等
22 个手法突出观点，减少干扰，让观众
以最轻松的方式理解你的 PPT。

Q013 研发投入情况介绍 哪种做法更合适?

这是锐普给某科技公司做的企业介绍 PPT 实例。

❶ 标题就是观点"研发投入占比高"，明确且醒目

❷ 四个证明性观点独立放在左侧，明确且醒目

❸ 图表一看就懂，观点鲜明

❶ "研发投入"是中性词，无法传达准确信息

❷ 观点散落在小字中，需要观众自己寻找

❸ 图表中数据和图形分离，不容易理解

秘诀

✦ 突出观点 ✦

　　把观点提炼出来，用最明显的方式呈现，不要让观众寻找和揣测。这就要求：观点要清晰，不要把观点混在大段文字中；观点要明确，不可模棱两可或含混不清；观点要醒目，放在最容易看到的位置。

Q014　服务中心情况介绍
哪种做法更合适？

这是锐普给某电力公司做的工作汇报 PPT 实例。

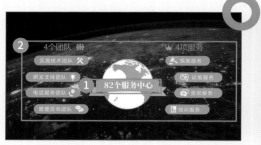

❶ 文字删减：把"全球"（重复）、两个"服务中心"（重复）、"共有"（辅助）、"包括"（辅助）、"分别是"（辅助）、"等"（辅助）这些文字删除

❷ 图示化表达：逻辑用图表展现，一目了然

● 观众可不想跟你一起读大段文字，他们想的是把你轰下去，把 PPT 拷回家躺在沙发上慢慢看

秘诀 **014**

✦ 精简文字 ✦

　　大胆删除这五类文字：原因性文字——表现为"因为、由于、基于……，所以、因此……"等形式。解释性文字——表现为冒号、破折号、括号、双引号等引出的内容。重复性文字——机构名称、会议主题等反复出现的内容。辅助性文字——介词、连词、助、叹词等虚词以及动词、形容词等实词。铺垫性文字——开会前的寒暄、客套用语等。

Q015 两种足球机制介绍
哪种做法更合适?

这是锐普给某足球俱乐部做的工作汇报 PPT 实例。

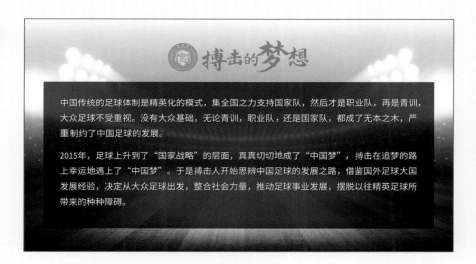

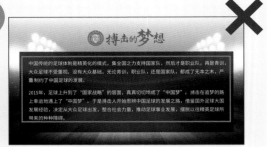

● 左右对比，两种体制的特点一目了然

● 满篇文字会对观众内心造成抵触情绪

● 观众难以找到文字间的逻辑关系，也无法形成
图示化概念

秘诀 015

✦ 图示化 ✦

　　相对于文字，人们天生更容易理解和记忆图形。优秀的PPT并不是要把所有要讲的内容都摆在页面上，而是要提炼核心观点，找出内在逻辑，并转化成图表、图标、图片等可视化图形。

Q016 演讲型的 PPT
哪种做法更合适？

这是锐普给某科技公司做的校园招聘 PPT 实例。

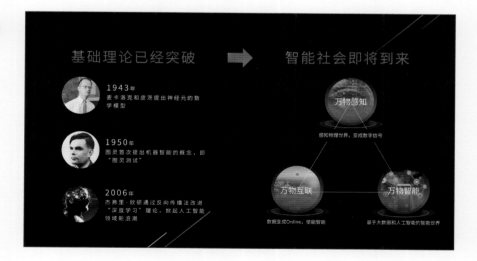

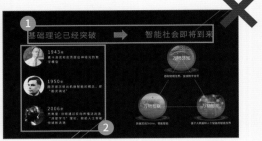

● 巨大的文字、厚重的字体、绚丽的颜色能给观众带来明显的冲击力，并记忆深刻

❶ 观点淹没在正文中，不突出

❷ 画面复杂、零碎，让观众难以理解、难以记忆

秘诀  016

大字点燃情绪

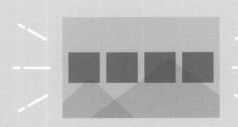

　　越简单的东西，越能调动观众的情绪。并非所有的文字都要转化为图表和图片。对于口号、数字、提问、关键词或关键句，直接用文字更有冲击力，可以点燃观众的情绪。这种文字设计的诀窍，就是放大、烘托、置于中心、减少干扰。

Q017 项目计划 PPT 哪种做法更合适？

这是锐普给客户做的 PPT 项目建议书实例。

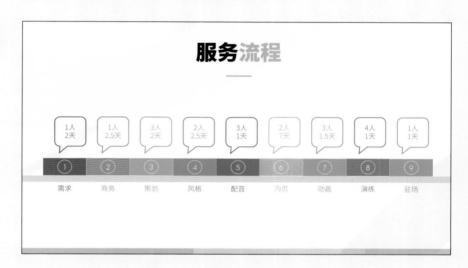

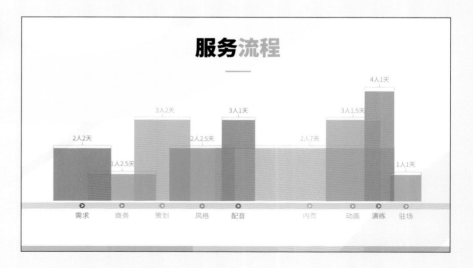

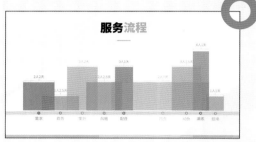

● 横坐标代表时间、纵坐标代表人数，各环节的开始时间、周期、工作量等一目了然

❶ 客户最关心的时间和人数只是用数字标注，很不直观

❷ 观众不太关心的时间序号表现得太过醒目

秘诀 **017**

用图形呈现数字

　　时间、金钱、人数、面积、速度等都是与主题密切相关的抽象数字，需要用具象的长度、高度、大小、位置等形式表现出来，但序号、页码等与主题关系不大的数字，则可以省略或弱化。

Q018
经济成果汇报
哪种做法更合适？

这是锐普给某市做的经济成果汇报 PPT 实例。

● 采用实实在在的项目照片，让观众感到真实可信

● 采用逻辑图表展示招商成果，比较抽象，容易使观众怀疑项目的真实性

秘诀 **018**

用图片佐证

一图胜千言。在工作汇报、项目报告、产品宣传等 PPT 中，图片是最有力的证据。相对于文字和图表，真实图片带来的信息量、印象和说服力是不可比拟的。

Q019 企业业绩汇报
哪种做法更合适？

这是锐普给某钢铁集团做的企业介绍 PPT 实例。

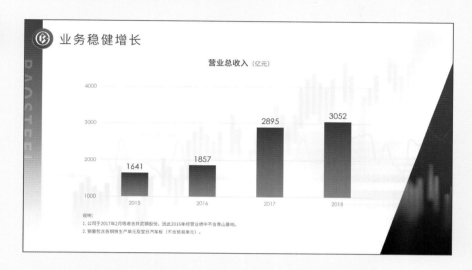

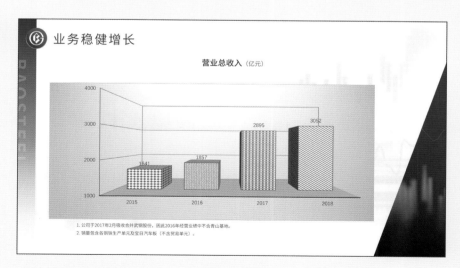

A

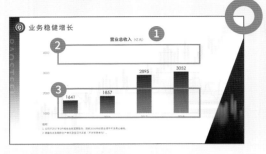

❶ 简洁的背景会让观众聚焦于图表

❷ 简单的线条会让观众聚焦于柱形

❸ 统一而简洁的柱形配色，使观众会聚焦于柱形的高低和变化趋势

❶ 渐变的灰色背景会吸引观众注意力

❷ 蓝色的线条过于醒目

❸ 立体透视的柱图，五花八门的图案，缺少美感，也干扰观众对数据的关注

秘诀  019

减少设计噪音

    PPT 设计须简洁有力，过度地装饰反而会干扰观众的注意力。阴影、高光、映像、图案、棱台、旋转、变形等效果，只有在必要的时候才能使用。

Q020 公司发展战略汇报 哪种做法更合适？

这是锐普给某高速公司做的工作汇报 PPT 实例。

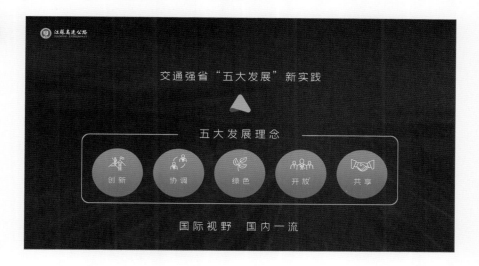

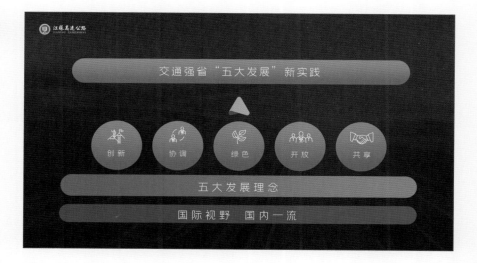

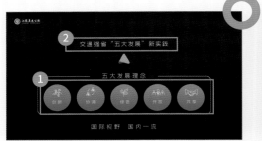

① "五个理念"是重点，用显著色块突出，作为焦点

② 其他的内容则以纯文字形式展示，相对弱化

① 所有的内容都使用了鲜艳的色块，让观众抓不住重点

② 观众在聚焦任何一个点时，其他色块都会分散其注意力

秘诀 020

✦ 一个焦点 ✦

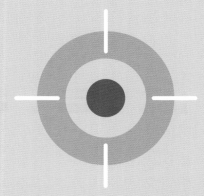

　　每页 PPT 只能有一个焦点，其他的内容都围绕这个焦点按层次分布。切勿在一个页面里放多个焦点性的内容，这会让画面不透气，也会使观众抓不住重点。

Q021 业务流程 PPT 哪种做法更合适？

这是锐普给某物流公司做的企业介绍 PPT 实例。

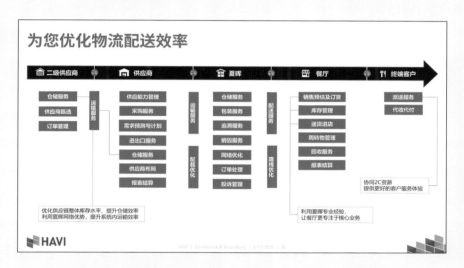

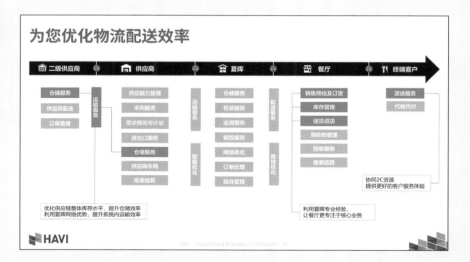

答 案 **B**

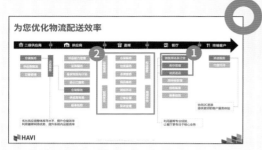

❶ 重点流程（与客户关系紧密）填充为绿色，观众首先会聚焦于重点流程

❷ 其他流程填充为浅灰色，不会干扰观众对重点流程的理解

● 流程中的所有节点都填充了鲜艳的蓝色，观众就会按照从左到右、从上到下的顺序把所有流程都理解一遍，然后再寻找重点流程。观众接受信息的效率会大大降低

秘诀 **021**

突出关键信息

　　不是所有的信息都是重要的，要让观众聚焦于观点和关键信息上。通过颜色、大小、位置等的对比，强化关键信息，弱化辅助信息。

Q022 凸显数据增长
哪种做法更合适？

这是锐普给某网站做的商业计划 PPT 实例。

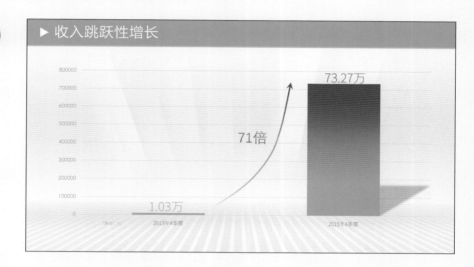

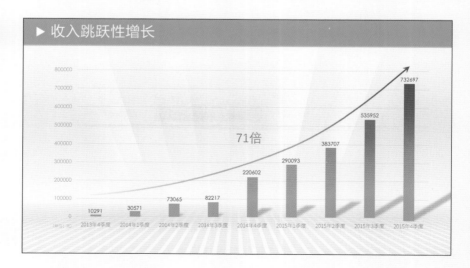

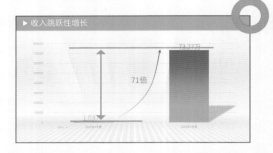

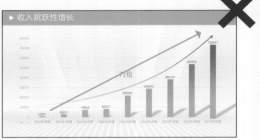

● 为了表现"跳跃性增长",只保留了开始和结尾两个数据,营造强烈的数据对比效果

● 保留了所有中间阶段的数据,让增长曲线变得相对平缓,无法体现"跳跃性增长"的观点

秘诀 022

直达数据本质

　　数据是为结论服务的。但我们往往为了追求数据的完整性,罗列了太多的数据,这样反而会削弱数据的力量。要删除与结论无关的数据,直接呈现最能反映结论的数据。

Q023 比较数据趋势 哪种做法更合适？

这是锐普给某快递公司做的年会 PPT 实例。

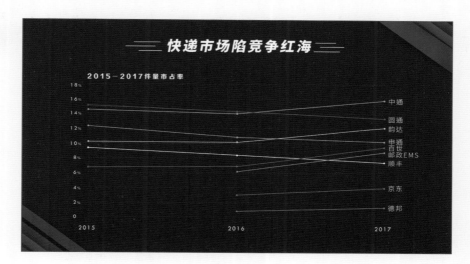

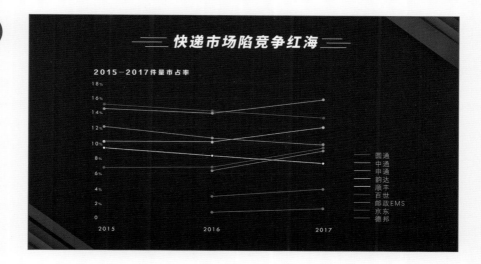

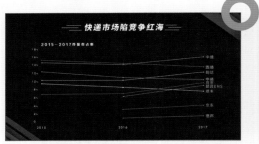

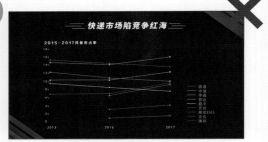

● 直接把项目名称放在线条右侧，观众很清楚每条线对应的名称

● 图例置于图表右侧，因数量较多，观众没办法记住每条线的名称，只能让目光在图表与图例之间不断移动

秘诀 023

不用图例

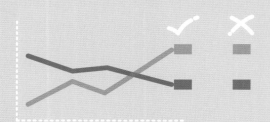

　　图例与图表主体相对分离。当图例过多时，观众的目光会在图表和图例之间反复移动，降低内容理解的效率。把项目名称直接放于线形或柱形边缘，反而更直观。

Q024 项目背景分析
哪种做法更合适？

这是锐普给某电力公司做的工作汇报 PPT 实例。

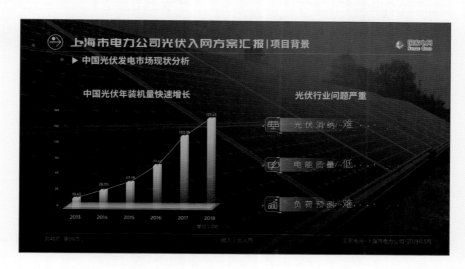

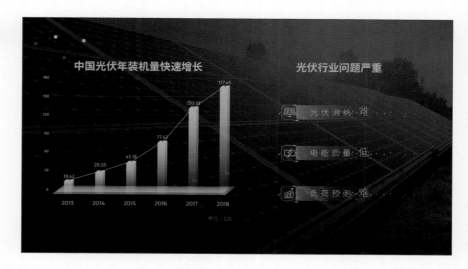

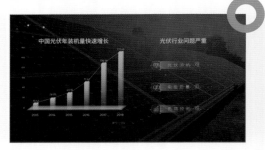 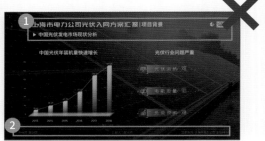

● 只展示观点和论据，去除页眉和页脚，避免重复信息，主题突出

❶ 页眉中的标题、Logo 重复出现，干扰观众注意力

❷ 页脚中的页码、汇报人、公司名称、日期等重复出现，也会干扰观众注意力

秘诀 024

删除重复内容

　　主标题、一级标题、二级标题、单位名称、Logo、日期、汇报人等信息在开场或每个章节都会介绍，无须在内页中反复出现。页码等于随时提醒观众注意演示进程，会增加观众的焦虑感，无须添加。

Q025 分页标题 哪种做法更合适？

这是锐普给某电商集团做的产品介绍 PPT 实例。

答案 A

❶ 观点性的标题有明显的导向性

❷ 标题之间环环相扣，引导观众投身海外电商市场并选择该电商平台

● 标题都是中性的、客观的和没有导向性的，难以引发观众的情感起伏

秘诀 025

用观点性的标题

　　标题是 PPT 中的核心文字，承载着演示的主题，也最能触发观众的情绪波动。所以，标题要多用肯定性、号召性、反问性、预测性、结论性的语言，避免中性的、空洞的、常识性的及模棱两可的语言。

Q026 图片与文字搭配 哪种做法更合适？

这是锐普给某酒店做的企业介绍 PPT 实例。

❶ 在文本框下加一个透明度从 0%～100% 的深紫渐变色块，文字清晰

❷ 渐变色块强化了该酒店的主色调——紫色，让整个 PPT 更有格调

● 文字与浅色背景混在一起，看起来眼花缭乱，影响观看体验

秘诀 026

文字清晰

如果图片比较复杂，在进行图文结合时，就需要在文字底部加上色块。不透明色块看起来有些堵，半透明色块比较通透，而由半透明到透明的渐变色块可以让画面显得大气。

Q027 表现复杂图表哪种做法更合适？

这是锐普给某工程集团做的企业介绍 PPT 实例。

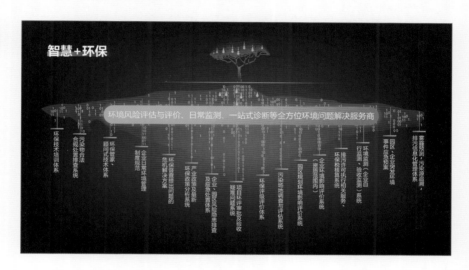

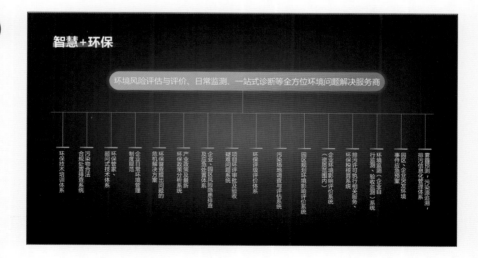

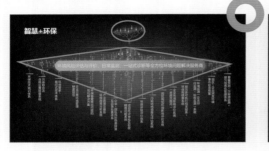

● 用大树做比喻，展示其业务背后的智慧＋环保理念，树下无限延伸的根系体现了其深厚的技术积淀和完善的服务体系

● 普通的抽象图表，观众看到的是一个非常客观的描述，难以带来深刻的印象

秘诀 **027**

形象的比喻

　　人们天生难以理解抽象和陌生的东西，但却很容易理解具象和熟悉的东西。PPT所表达的观点一般都是抽象和陌生的，我们要把它们转化成具象和熟悉的东西，比如，树状图、冰山图、脑图、天平、齿轮、飞机、弓箭等。

Q028 表现数据对比 哪种做法更合适？

这是锐普给某通信公司做的品牌介绍 PPT 实例。

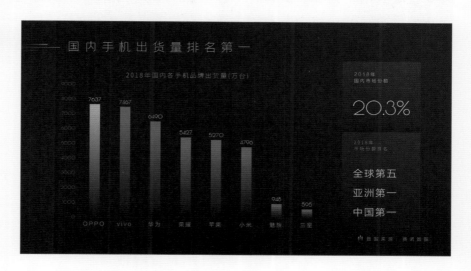

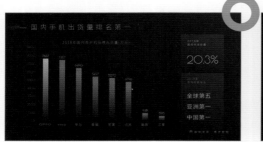

● 用柱形图展示 2018 年国内手机出货量排名，观众无须思考数字大小，从柱形的高低就能看出各手机厂商的数据对比，对该公司的优势一目了然

● 用表格来展示数据，观众看到的都是抽象的数字，无法直观地比较数据大小，也难以体会演示者的观点

秘诀 028

表格转为图表

数字是抽象的，观众需要在大脑中与自己熟悉的内容进行比较才能确定其具体含义。但图形是具象的，观众看到图形，就能明白其大小、高低和长短。所以，我们一般都要把抽象的表格转化为形象化的图表。

Q029 表现较大的数值 哪种做法更合适？

这是锐普给某科技公司做的工作汇报 PPT 实例。

A

B

● 数字巨大，直接以"亿"作单位，一看就懂

● 518 加 8 个 0，观众知道这是多少吗？只能从个位一直数到百亿位，你在考验观众的数学基础吗

秘诀 029

数字一看就懂

　　PPT 文字使用的基本要求是"一目了然"——看一眼就明白内涵，而不是逐字阅读和反复揣摩。数字也要一目了然，一长串 0，就远不如千、万、亿这样的单位直观。

Q030 介绍产品特点 哪种做法更合适？

这是锐普给某科技公司做的产品介绍 PPT 实例。

● 文字采用细而简的字体，不作任何修饰，符合整体 PPT 的风格

● 文字添加了阴影、倾斜、加粗和映像的格式，难以辨识

秘诀 030

简化正文样式

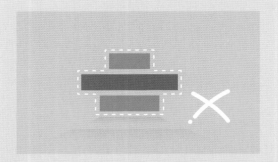

　　正文文字一般不用渐变、边框、映像、发光、柔化边缘、棱台和三维旋转等效果，甚至加粗、阴影和倾斜都尽量减少使用。因为复杂的正文文字样式会导致：①不容易辨识；②分散观众对标题性的注意力；③让画面显得杂乱。

Q031 带有人物的页面 哪种做法更合适？

这是锐普给某生物公司做的企业介绍 PPT 实例。

● 把核心内容放在手指的位置，观众的注意力自然会沿着手指的方向聚焦于核心内容

❶ 不太重要的 Logo 放在手指的方向，会吸引观众注意力

❷ 标题与核心内容在画面的右侧，远离手指的方向，会被观众忽视

秘诀 031

用人体元素引导

　　人的身体是视觉指引最强的元素，手指、拳头、胳膊、眼神、表情、皮肤等都会首先引起观众的注意。所以，一般把重要内容放在这些人体元素所指引的方向上，非重要内容放在其他位置。

Q032 多图与文字排列 哪种做法更合适？

这是锐普给某汽车公司做的项目提案 PPT 实例。

① 文字靠近相对应的图片，暗示它们之间的关联

② 图片和文字之间用三角箭头指引，明确指向关系

③ 段与段之间采用 1.5 倍行距，层次更清晰

① 文字采用统一的对齐方式，与图片之间的距离均等

② 图片与文字之间缺少箭头指引，观众会疑惑它们之间的对应关系

③ 段与段之间行距较小，层次不清晰

秘诀 032

相关内容更亲密

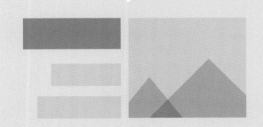

　　对于关系更紧密的对象，如主标题与副标题、标题与说明性文字、图片与解释性文字、图形与解释性文字等，通过缩短距离、统一色彩、添加箭头、插入线条等方式把它们之间的紧密关系体现出来，而不是让观众在一堆元素里找关系。

Q033 证书展示页面 哪种做法更合适？

这是锐普给某工业公司做的企业介绍 PPT 实例。

● 车间背景进行虚化处理，增强画面的场景感，确保观众的目光聚焦于证书。

● 背景色彩鲜艳，人物、螺丝、火花都一清二楚，容易分散观众的注意力，弱化对证书的关注

秘诀 033

虚化背景

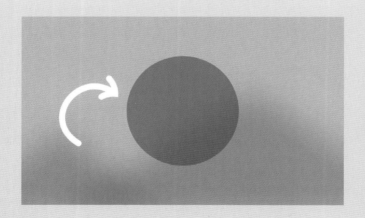

前景清晰，背景虚化，可以让观众视线聚焦于前景，同时营造画面的层次感。当我们展示人物、产品、奖杯、证书时，可广泛使用。

Q034

用动画展现内容
哪种做法更合适？

这是锐普给某化工集团做的企业年会 PPT 实例。

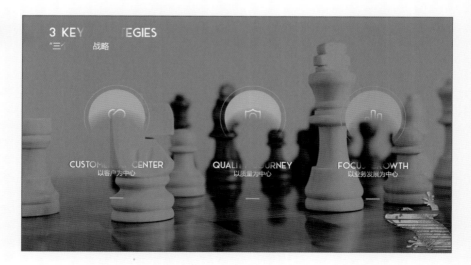

● 因为逻辑关系比较简单，不用动画，或者采用快速缩放、淡入、浮入、飞入等简洁型的动画

❶ 标题采用劈裂的动画，不易辨识

❷ 图表采用形状的动画，2 秒慢速，会增加观众等待时间

❸ 蜥蜴采用随机线条的动画，也会干扰观众的注意力

秘诀 034

别让动画成为负担

　　动画并非越多越好，也不是越少越好；不是越炫越好，也不是越普通越好；不是越复杂越好，也不是越简单越好。动画是为演示主题服务的，如果一个动画对内容的表达没有帮助，就不要加。

悦目

GOOD-LOOKING

第 ❸ 章

———

掌握这 34 个规则，你就能像专业
设计师一样配色和排版，让你的
PPT 赏心悦目。

Q035 科技主题 PPT 哪种做法更合适？

这是锐普给某开发区做的工作汇报 PPT 实例。

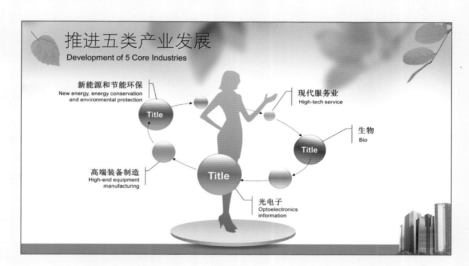

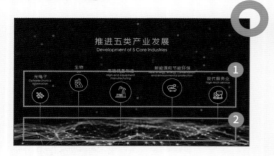

❶ 图表和文字采用比较流行的流体渐变色彩搭配

❷ 背景采用抽象粒子网格，更有科技感和未来感

❶ 采用了韩国高光立体模板，圆球图形又实又假，不精致

❷ 背景里的绿色树叶和蓝色楼宇都很具象，缺少想象空间

秘诀 035

✦ 抛弃陈旧的模板 ✦

　　PPT 模板快速迭代，十年前风靡中国的韩国立体模板基本被抛弃了；几年前流行的扁平化模板也习以为常了。党政机构常用的"西红柿炒蛋"，科技公司常用的"死机蓝"，学校老师常用的蓝天白云绿草地，创业公司常用的"乔布斯渐变"，都是要避免使用的。

Q036 某尔街英语 PPT 哪种配色更合适？

这是锐普给某培训机构做的企业介绍 PPT 实例。

● 图形、文字的色彩（蓝色和橙色）都是直接从左上角某尔街英语 Logo 中吸取的，整个 PPT 一看就是某尔街英语的风格

● 绿色和黄色搭配是很明显的某东方英语的 VI 色，这样的搭配，你会把领导气吐血的

秘诀 036

✦ 吸取 VI 色 ✦

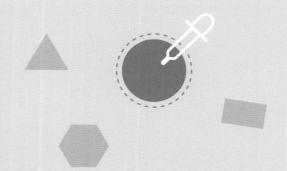

　　每家公司都有自己的 VI 颜色，在没有特殊的配色要求时，采用与 VI 一致的颜色是最稳妥也是最常用的配色方法。PPT 具有取色器功能，无论什么样的企业，只需要把图片复制到 PPT 里，轻轻一吸，配色就完成了。

Q037 手机科技公司 PPT 哪种配色更合适？

这是锐普给某科技公司做的公司介绍 PPT 实例。

● 由亮紫到亮蓝的色彩渐变是现在比较流行的流体渐变色彩搭配，看起来是不是更年轻、更具有活力呢

● 饱和度相对较低的青绿色给人安静、低调的感觉，既不符合该公司的品牌调性，也不符合审美潮流

秘诀 037

✦ 采用流行色 ✦

　　流行，就是正确的设计。前些年，立体风盛行；后来几年，扁平化当道；现在，渐变色、霓虹色、流体色、强对比的撞色都是流行的配色。特别是时尚、体育、科技、旅游等行业，要时刻关注新颖、潮流的配色。

Q038 金融业务介绍 PPT 哪种配色更合适？

这是锐普给某金融公司做的企业介绍 PPT 实例。

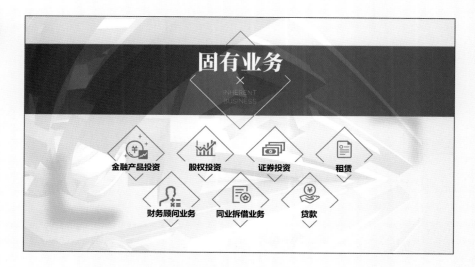

答案 **B**

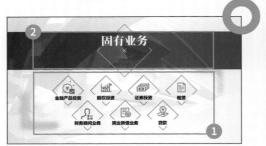

❶ 所有图标和辅助图形都采用单一的色彩——红色，让观众会聚焦于内容的变化

❷ 色块采用灰色花纹与红色叠加，与背景融为一体又相对突出

● 7个业务采用了7种不同的色彩，观众会首先关注这7种色彩，然后才会注意图标和文字的变化。这会分散观众的注意力，并容易给观众造成视觉疲劳

秘诀 **038**

色彩不干扰主题

　　色彩是视觉表达中观众最为敏感的属性。色彩稍有变化，就会被观众迅速捕捉。在 PPT 中，色彩的使用以少为原则。单色看起来干净，但有时不太方便区分；双色使用较多；尽量避免使用 3 种以上的色彩。

Q039 多个色彩搭配 哪种做法更合适?

这是锐普给某市政府做的工作汇报 PPT 实例。

● 整套 PPT 采用的是高饱和度、低渐变、弱高光的色彩搭配，5 个色块的色彩一致，看起来比较舒服

❶ 红色块和紫色块都是高饱和度、中亮度的纯色，刺眼

❷ 绿色块和茶色块都是低饱和度的纯色，黄色亮度低，看起来黯淡

❸ 蓝色块采用了明显的渐变，与别的纯色块又不一致

秘诀 039

协调的搭配

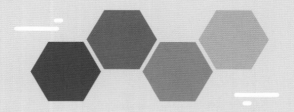

　　如果你是普通的 PPT 制作人员，不建议你自己配色，推荐这几个网站：behance/dribbble/templatemonster/ 站酷，直接吸取别人成熟的作品的色彩。不仅并列的形状、色彩的饱和度和亮度一致，而且渐变、透明、阴影、边框等艺术效果都要保持一致。

Q040 表现简约品牌形象 哪种做法更合适？

这是锐普给某时尚通信企业做的品牌介绍 PPT 实例。

答案 **B**

1 简约深空背景，只有细微的深灰色渐变，没有任何点缀

2 极细线条，模拟星空轨道，更有科技感

3 纤细中文字体和科技感的英文字体塑造时尚和科技效果

4 大量留白都为了烘托手机的高端感

1 背景加入了夜店照片和抽象的流体图案，显得嘈杂

2 文字采用了厚重的黑体，显得呆板、传统

3 线条较粗，不精致

秘诀 **040**

✦ 少就是多 ✦

　　简约，是一种趋势。确保每一个元素都是有用的，如果没有，就去掉它。用尽可能少的元素表达主题，可以营造高端、精致、时尚的格调。

Q041 文字搭配背景哪种做法更合适？

这是锐普给某科技公司做的品牌介绍 PPT 实例。

答案 A

❶ "FOR THE BRAVE"及相关文字是主视觉，会第一时间吸引观众视线

❷ 背景里的翼装人为辅助视觉，与主视觉的"BRAVE"相呼应，让观众眼光在主辅视觉之间移动

❶ 背景人物很小而且被文字遮盖，会干扰观众视线

❷ 右侧背景较空，让画面显得单调，也难给人留下印象

秘诀 041

主辅视觉平衡

　　一个画面里仅有主视觉是不够的，画面会显得单调。为了兼顾画面的平衡，我们会添加与主题一致的辅助视觉。

Q042 文字搭配背景 哪种做法更合适？

这是锐普给某开发区做的工作汇报 PPT 实例。

● 因为图片重心偏右侧，标题、Logo等放在左侧，画面左右平衡，图片主体突出

① 标题放在中间，直接遮盖了图片中的主要建筑，影响了主题的表达

② 画面四周留白较大，看起来有些简陋

③ 画面重心整体偏右，不太平衡

秘诀 042

✦ 根据背景排列标题 ✦

标题的位置是由背景图片的重心决定的。如果图片重心在左侧，则标题置于右侧并且靠右对齐；如果图片重心在右侧，则标题置于左侧并靠左对齐；如果图片重心在中间，则标题居中靠上对齐，但左右需摆放装饰元素平衡画面。

Q043 封面图文排版 哪种做法更合适？

这是锐普给某公司做的工作汇报 PPT 实例。

❶ 给公路实景图上加了一层半透明蒙版，让背景图若隐若现，强化主题

❷ 蒙版右侧与该公司 Logo 做了一个剪除效果，形成了一个高速之窗，起到画龙点睛的作用

❶ 一个不透明的渐变色块置于底层，画面不透气

❷ 右侧大面积留白，重心偏左，画面失衡

秘诀 043

异形蒙版

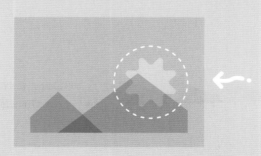

把 Logo、关键词、品牌名、辅助图形等企业专属元素做成蒙版，不仅可以赋予 PPT 个性化，更能增加画面的层次感和美感。

Q044 单个人物介绍哪种做法更合适？

这是锐普给某投资集团做的公司介绍 PPT 实例。

① 在人物底部添加一个桥形色块，让人物背景有依靠，能衬托人物的高大，增强画面的整体性

② 在右上方添加一个小三角色块与桥形色块呼应，让画面更平衡

① 人物孤零零放在画面中，与背景分离，缺少整体感

② 文字与人物缺少关联，画面分散，难以聚焦观众注意力

秘诀 044

添加辅助图形

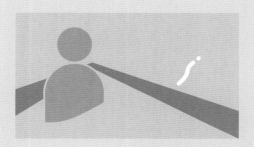

　　如果背景过于单调，我们可以给它添加一个图形，如矩形、三角形、飘带等，塑造一个场景，并与主视觉形成呼应，可以让画面变得丰满。

Q045 文字的对齐方式
哪种做法更合适？

这是锐普给某科技公司做的手机介绍 PPT 实例。

● 文字采用左对齐,与手机的边缘平行,空隙较小,
  看起来更有整体感

● 文字居中对齐,与图片之间距离较大,参差不齐,
  缺少美感

秘诀 045

文字向图片看齐

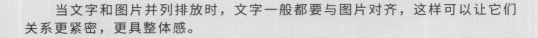

　　当文字和图片并列排放时,文字一般都要与图片对齐,这样可以让它们关系更紧密,更具整体感。

Q046 图标排列展示
哪种做法更合适？

这是锐普给某汽车集团做的新车发布会 PPT 实例。

 A

❶ 图标都是原创线形设计，饱满、细腻、耐看

❷ 图标外围统一添加圆环，图形内部统一添加正方形色块，整体感强

❶ 这组图标构造简单，样式普通，不耐看

❷ 线形和色块图标混杂，不够统一

秘诀 046

✦ 图标更精致 ✦

　　图标的使用要求有：①精准表达主题；②样式新颖、独特；③设计精美。避免使用常见的、粗糙的或含义不明确的图标。

Q047 人物介绍 PPT 哪种做法更合适？

这是锐普给某教育集团做的公益宣传 PPT 实例。

有些事可以放手交给别人做，

比如企业运营；

有些事得自己亲力亲为，比如

慈善公益

—— 艾路月

有些事可以放手交给别人做，

比如企业运营；

有些事得自己亲力亲为，比如

慈善公益

—— 艾路月

答案 **B**

● 采用了真实人物照片，无论从眼神、穿着还是面部表情等方面，都极具感染力

● 传统剪贴画人物看起来呆板，也不能打动人

秘诀 **047**

✦ 慎用剪贴画 ✦

与真实照片相比，剪贴画轻松、活泼，但不真实，缺少美感。除非整个PPT都是卡通风格，否则能用真实照片的尽量不要用剪贴画。

Q048 字体的选用 哪种做法更合适？

这是锐普给某区政府做的项目总结 PPT 实例。

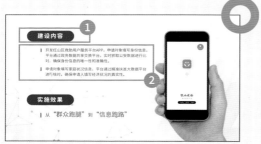

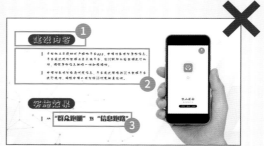

❶ 标题采用思源黑粗体，厚重、严肃、清晰

❷ 正文采用思源黑细体，与标题字体相呼应又形成对比，符合政府汇报的严肃调性

❶ 标题采用了镂空板报字体，不太清晰

❷ 正文则采用了书法字体，难以辨识

❸ 强调性文字则采用了力量字体，与普通字体对比过于强烈，很刺眼

秘诀 **048**

避免夸张的字体

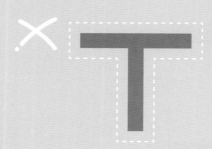

　　选用字体遵循三个原则：一是容易辨识，正文避免使用手绘体、书法体等复杂字体和一些复杂的样式；二是符合企业和主题气质，选择精美和个性字体，避免楷体、仿宋、隶书等计算机自带字体；三是字不过三，每页 PPT 的字体不能超过三种，整套 PPT 的字体也不能超过三种，避免画面太花。

Q049 人物与文字排版 哪种做法更合适？

这是锐普给某医疗公司做的产品介绍 PPT 实例。

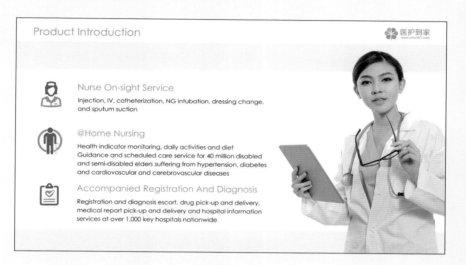

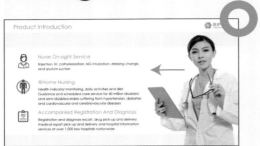

● 护士身体朝向画面内侧，很亲切，同时引导观众注意左侧的图标和文字

● 护士身体朝向画面外侧，给人一种即将离开的感觉，观众也不会在意左边的文字

秘诀 049

面朝主题

　　人的面部具有很强的视觉导向。人物照片都要正面朝向观众或主题，在多人排列时，人物也需要彼此呼应，塑造亲近感。

Q050 水墨风 PPT 哪种做法更合适？

这是锐普给某县做的招商推介 PPT 实例。

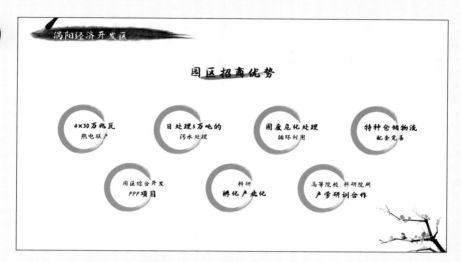

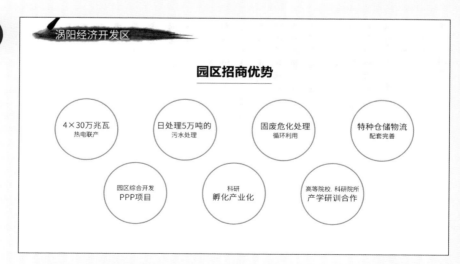

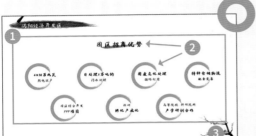 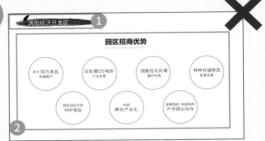

❶ 基于该县浓厚的文化底蕴，整套 PPT 采用了中国水墨风，所有文字都用书法体

❷ 文字的装饰采用横线或圆形水墨笔刷

❸ 右下角摆放了水墨梅花

❶ 背景是水墨书法文字，左上角是水墨笔刷装饰

❷ 正文采用了现代黑体字、简洁线条，与整个 PPT 的水墨风格相矛盾

秘诀

风格一致

　　风格是一套 PPT 作品所具有的代表性的独特面貌，包含了背景、色彩、版式、质感、图片、文字、图形、动画等各方面相对固定的样式。一旦确定，就需要贯穿始终，不得随意变化。

Q051 多张图片排列 哪种做法更合适？

这是锐普给某科技公司做的产品介绍 PPT 实例。

答案 B

❶ 所有图片的尺寸、色调、角度一致

❷ 所有图标都采用了白色、线形、简笔样式

❸ 所有文字的字体、色彩、大小、与图标相对位置都保持一致

❹ 所有图标和文字底部都添加了同等大小的渐变蒙版

❶ 图片有白底、黑底、彩色底、景深底等样式

❷ 图标有线性的、色块的、黑色的、白色的、红色的、左侧的、右侧的等样式

❸ 文字有各种颜色、各种字体等样式

秘诀 051

✦ 同级一致 ✦

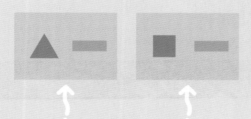

　　人们天生对统一的和规整的对象充满好感。同一级别的元素，在样式、尺寸、位置、色彩、字体等方面都要一致。不要让观众因这些元素的变化而分心。

Q052 科技会议 PPT 哪种做法更合适？

这是锐普给某科技公司做的会议 PPT 实例。

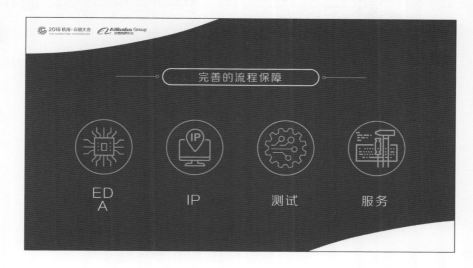

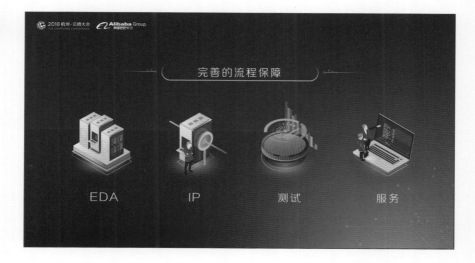

❶ 渐变、科技感的背景

❷ 图标采用 2.5D 等距设计，看起来简洁、科幻又有科技感，与云栖大会的调性非常符合

❶ 纯色背景比较平静

❷ 精致的线形图标在科技行业也已经司空见惯了，对于云栖大会这种科技前沿的会议来说，缺少特色

秘诀  052

采用潮流样式

　　设计潮流瞬息万变，原来的韩式立体风被欧美扁平风格代替，现在扁平风也开始逐渐过时了，微立体、2.5D 等距设计、流体设计、渐变风等都逐渐兴起。PPT 设计也要紧跟潮流，采用时尚风格，给人耳目一新的感觉。

Q053 介绍产品 哪种做法更合适？

这是锐普给某汽车集团做的企业介绍 PPT 实例。

● 把发动机的灰色背景抠掉，使其与整个画面融为一体，细节更加震撼

● 没有抠图的发动机就是一张图片，像补丁一样放在页面中，非常突兀

秘诀 053

抠掉背景

　　PPT 做得好，抠图免不了。抠除背景的图片，可以和整个画面融为一体，更具设计感。PPT 已经具备了强大的抠图功能，背景为纯色的图片，直接用颜色中的"去除背景色"魔棒；背景复杂的图片，用图片选项中的"去除背景"功能；更复杂的图片，可以沿物体边缘画多边形，然后用图片与多边形相交就可以了。

Q054 封面图文设计 哪种做法更合适？

这是锐普给某科学院做的汇报 PPT 实例。

❶ 半开口的线框把中文标题与英文翻译框在一起，构成一个整体

❷ 树叶的装饰让画面更加有动感

● 中文标题与英文翻译直接上下排列，看起来缺少整体感，也比较单调

秘诀 054

用线框强化密切关系

　　在对主标题与副标题、中文标题与英文翻译、标题与装饰文字进行排版时，一个半开口的线框可以拉近它们之间的距离，让它们构成一个整体。

Q055 一个词的设计
哪种做法更合适？

这是锐普介绍自己的演示设计业务的 PPT 实例。

❶ "演示设计"四个字置于中央,作为第一层

❷ 加了拼音和线框,填充了波浪线,作为第二层

❸ 把"演示设计"四个字拆开、打散、半透明渐变,当作第三层

● 在纯黑的背景上,只有"演示设计"四个字处在画面中央,非常单调,缺少吸引力

秘诀 055

✦ 增加层次 ✦

　　人的双眼天生爱看丰富的画面,而不是单调的画面。在做 PPT 设计时,要考虑到画面的层次性,给画面增加一些装饰元素,少用纯色的背景。观众在看了第一层之后,会再看第二层、第三层、第四层,以强化对主题的理解。而单调的画面,在看第一眼后就会离开屏幕,不具吸引力,视觉体验很糟糕。

Q056 汇报型 PPT 背景
哪种做法更合适？

这是锐普给某科学院做的标准 PPT 模板实例。

❶ 科学院大楼照片调成灰色，置于底层

❷ 上面覆盖一层 10% 透明度的白色蒙版，避免背景干扰主题

❸ 在画面底部添加了灰色 + 绿色的横条，平衡重心

● 纯白色的背景，一是在投影时让现场观众感觉刺眼；二是没有任何装饰，画面单调，不专业

秘诀 ⟨056⟩

水印背景

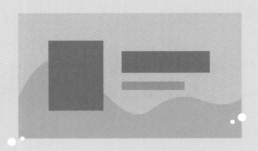

　　如果你希望画面低调、稳重，又不失内涵，就可以把 Logo、建筑、城市等做成黑白色，并且在其上覆盖一个半透明蒙版。这种背景在工作汇报、学术报告、咨询报告、融资路演中应用广泛。

Q057 展示集体形象 哪种做法更合适？

这是锐普给某足球俱乐部做的形象展示 PPT 实例。

❶ 把所有队员从图片里抠出来

❷ 添加一个宽敞的足球场背景，绚丽的灯光、整洁的绿茵场塑造了一个超高端的足球队形象

❶ 背景里的红色横幅和文字格外醒目，会干扰观众对人物的注意

❷ 画面杂乱，缺少层次，影响整个团队的形象

秘诀  057

包装图片

　　不是所有的图片的质量都足够高，这就需要我们对图片进行美化包装，基本的手法有：调整亮度、饱和度，添加艺术效果，裁剪，抠图，更换背景，图片拼接等。

Q058 大面积文字展示 哪种做法更合适？

这是锐普给某通信公司做的品牌介绍 PPT 实例。

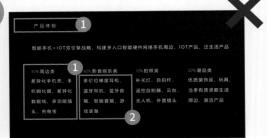

❶ 数字为关键信息，字号 60 号

❷ "周边类"等与之高度相关，字号 14

❸ 它们距离近，用纯白色

❹ "差异化……充电宝"等文字为注释性文字，采用 10 号小字，用浅灰色，与关键字之间距离较大，并且用横线分割

❶ 整页字号和颜色都比较接近，行距区分不明显，很难看出文字的层次

❷ 下面的解释性文字采用左对齐，右侧参差不齐，缺少美感

秘诀  058

✦ 文字分层 ✦

　　文字排版有以下两个原则。

　　(1) 疏可走马，密不透风——疏的地方可以让马驰骋，密的地方连风也透不过去。内容高度相关的，距离要尽可能小；内容关联不大的，距离要尽可能大。

　　(2) 大如山，小如蚁——关键性文字要大，更明亮、清晰，注释性文字要小，可以适当黯淡一些。

Q059 团队展示
哪种做法更合适？

这是锐普设计师团队的形象展示 PPT 实例。

答案 **A**

● 所有人的眼睛基本都在同一条水平线上，看起来比较协调，其实他们身高差别挺大的哟

● 人物高矮胖瘦不同，参差不齐，显得很不专业

秘诀 059

统一人物图片

在对团队头像进行并列展示时，人物的大小、高矮、色调、穿着、表情等都要一致。一般以眼睛或头发为基准对齐。

Q060 展示标题
哪种做法更合适？

这是锐普给某科技公司做的品牌介绍 PPT 实例。

① 围绕标题添加了三角形、正方形和环形，衬托标题

② 在四周还添加了半透明的正方形、圆形、三角形，增强了画面的层次感

● 没有任何装饰，背景＋标题看起来就很单调，也体现不出该科技品牌的调性

秘诀 060

图形装饰标题

　　圆、正方形、三角形、菱形、环形、梯形等图形用在标题和图片中作为装饰效果，可以增强画面的活力，让 PPT 更耐看。因为它们本身没有复杂的内涵，所以不会对主题带来干扰。

Q061 批量案例展示 哪种做法更合适？

这是锐普给某设计集团做的案例展示 PPT 实例。

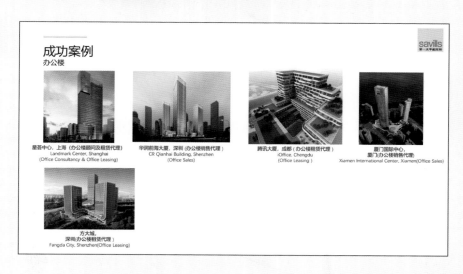

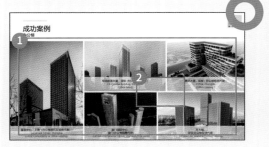

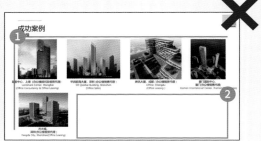

❶ 横版图片与竖版图片并存，图片的高低和大小决定了图片排列的方式

❷ 同样的横版图片也故意裁剪其大小，使它们互相交错，能营造有层次的美感

❶ 图片的高度做了统一，全部采用左对齐和顶部对齐的排列方式，看起来非常单调

❷ 每张图片展示空间较小，结尾会浪费大量空间

秘诀 061

✦ 错位排列 ✦

　　在展示案例时，过于规整的图片会让人感到单调和疲劳。给图片进行大小有别、位置交错、横竖各异的排列，可以充分展示每张图片的特点，也给观众的视觉带来变化。

　　错位排列不是错乱排列，它们排列是有规律可循的，在交错中隐含着协调和统一。

Q062

表格美化
哪种做法更合适？

这是锐普给某科技公司做的手机介绍 PPT 实例。

A

小米手机参数对比

型号	小米8	小米MIX 2	小米Note 3
标准容量	6GB+64GB	6GB+64GB	4GB+64GB
处理器	骁龙 845	骁龙 835	骁龙 660
屏幕尺寸	6.21英寸	5.99英寸	5.5英寸
重量	175g	185g	163g
主相机	2000万	1200万	1600万
电池容量	3400mAh(typ)	3400mAh(typ)	3500mAh(typ)
价格	2699元	2599元	1799元

B

小米手机参数对比

型号	小米8	小米MIX 2	小米Note 3
标准容量	6GB+64GB	6GB+64GB	4GB+64GB
处理器	骁龙 845	骁龙 835	骁龙 660
屏幕尺寸	6.21英寸	5.99英寸	5.5英寸
重量	175g	185g	163g
主相机	2000万	1200万	1600万
电池容量	3400mAh(typ)	3400mAh(typ)	3500mAh(typ)
价格	2699元	2599元	1799元

❶ 背景采用该手机照片

❷ 表格两端开放，上下用了半透明白线，看起来
　更通透

❶ 纯白的背景比较刺眼

❷ 表格四周都有框，有点压抑

❸ 表格填充了橙色，分散了观众的注意力，也不
　够通透

秘诀 062

✦ 表格更通透 ✦

　　表格的设计要跟得上潮流，以往那种四周被牢牢框死的风格以及 PPT
自带的样式都已逐步被淘汰了。更通透的背景、更开放的边框、大图衬底等
是当前的潮流。

Q063 产品列表 哪种做法更合适？

这是锐普给某化工集团做的产品介绍 PPT 实例。

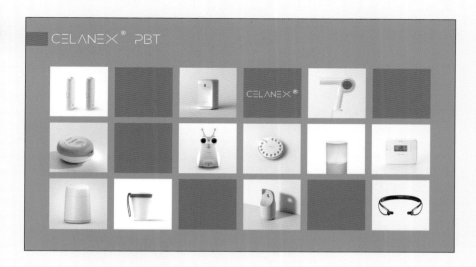

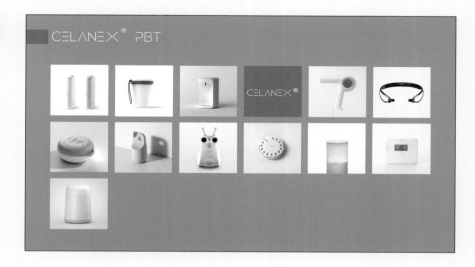

答案 A

● 整套 PPT 都采用小图排列的形式，图片的大小、形状、位置都是统一的，当有的页面图片数量不够时，我们采用空白正方形填补，看起来很统一

● 图片左对齐，由于每页图片有多有少，末尾就会参差不齐，缺少美感

秘诀 063

用色块补充缺口

　　在进行多图展示时，图片数量并不一定正好符合构图的需要。适当添加一些色块，以弥补缺口，可以让画面看起来更规整。

Q064 展示标识和理念 哪种做法更合适？

这是锐普给某物流公司做的企业介绍 PPT 实例。

❶ 运输车是最能吸引观众的主体，放在第一层，强化其行业属性

❷ 其标志和标语在第二层，强调其公司属性

❸ 大面积的专属紫色在第三层，增强视觉吸引力

❹ 房屋等作为第四层，让画面更真实

● 整个视觉太过于平面，感觉就是在一张图上放了一个色块和 Logo，缺少设计感

秘诀 064

✦ 突出主角 ✦

　　人的眼睛是为立体画面而生的，所以人们更喜爱有层次的画面。一个层次看起来单调，两个层次主次分明，三个层次看起来就非常立体了。别让所有的元素都处在一个层次，要让主要元素跳出来。

Q065

文字的对齐排列
哪种做法更合适?

这是锐普给某咖啡做的项目方案 PPT 实例。

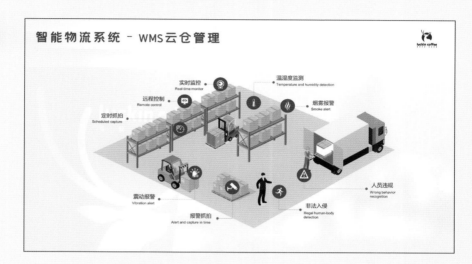

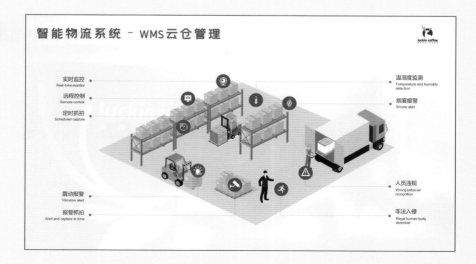

答案 Ⓑ

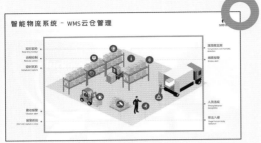 ⭕

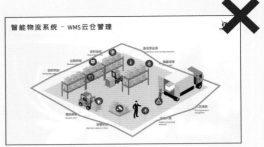 ❌

● 主视觉是菱形，四周很空，为了对冲菱形的不规则感，在菱形四周画一个矩形，所有线条、图标和文字沿矩形分布，画面看起来就比较规整

● 文字对齐方式比较随意，四周的留白也大小不一，画面显得很乱

秘诀 065

✦ 一齐遮千丑 ✦

　　整齐，一是要符合常理——左对齐普通，中对齐规矩，右对齐个性，两端对齐更有整体感；二是对齐方式要统一——对齐本身没有对错之分，只是一套 PPT 对齐规则要一致，不能随意变化。

Q066 Logo 列表 哪种做法更合适？

这是锐普给某科技公司做的企业介绍 PPT 实例。

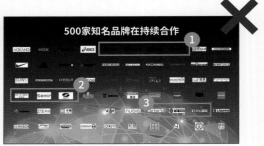

● 给五颜六色、形状各异的 Logo 统一添加了白色
　矩形，大小相同，整个画面看起来更协调

❶ 有的 Logo 看不清
❷ 有的 Logo 刺眼
❸ 有的 Logo 像补丁

秘诀 066

✦ 添加统一的背景 ✦

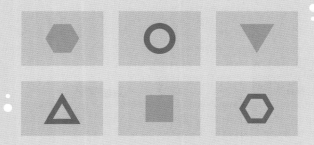

　　展示多个 Logo、产品、证书、图标等元素时，为了让这些元素更加统一，
我们往往给它们统一添加矩形、线条、三角形、圆、纹理等背景元素。

Q067 展示产品 哪种做法更合适？

这是锐普给某电动车做的产品发布 PPT 实例。

● 抠掉电动车背景，并添加红色三角形，强化电动车的主视觉效果，稳定画面重心

● 没有抠图、没有装饰的电动车，就像一块补丁放在画面的中心，没有美感，也不吸引人

秘诀 067

图形强化对象

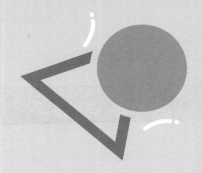

为了烘托人物、产品、奖杯等对象，通常把它们抠出来，并在背景中添加圆形、三角形、菱形、不规则形状等，可以极大提升对象的分量和吸引力。

Q068 展示技术理念 哈种做法更合适？

这是锐普给某科技公司做的大会 PPT 实例。

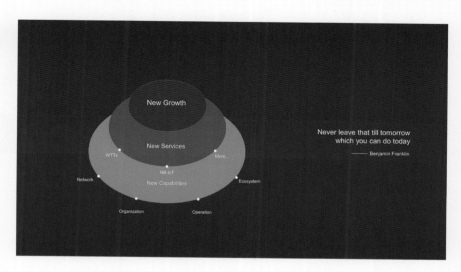

答案 A

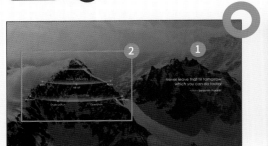

❶ 以航拍雪山作背景，添加蓝色渐变蒙版，具有科幻大片的场景感

❷ 浅蓝色渐变椭圆分层叠在山顶，具有强烈的科技感

❶ 纯色背景安静而缺少场景感

❷ 普通的层级图表单调而枯燥，容易引起观众视觉上的抵触

秘诀 068

电影级品质

大画面背景、精心设计的图形、精挑细选的字体、大面积的留白……PPT设计正向电影级品质看齐。

动 心

ATTRACTIVE

第 ④ 章

————

还在担心观众走神？学会 14 招，给
PPT 打造电影一样的吸引力。

Q069
开场自我介绍
哪种做法更合适？

这是锐普全国高校巡讲 PPT 实例。

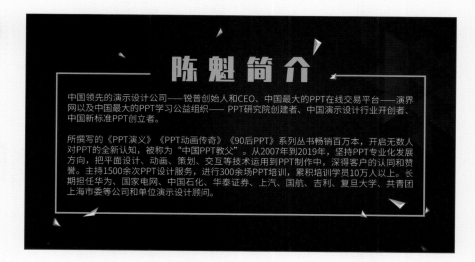

● 直接抛出四个问题："知道 PPT 的？""会做 PPT 的？""PPT 能卖钱的？""一年能卖 1000 万元的？"问第一个问题全场举手，问第二个问题一部分人犹豫了，问第三个问题举手者寥寥，问第四个问题全场鸦雀无声，这时候我一个人举起手来，全场欢呼！我告诉观众，今天，我来教大家的是一年能卖 1000 万元的 PPT 技巧。现场就沸腾了

● 用大段文字介绍自己，也许有一半人跟你一起读完文字，另一半人屁股都坐不住了

秘诀 069

惊讶的开场

开场 8 秒，也许就能决定你 PPT 的成功或失败。好的开场包括：讲个故事——吸引观众注意；提个问题——让观众参与；抛个悬念——激发观众好奇心；秀个特技——震撼观众视听；造个意外——让观众产生恐惧；给个惊喜——激发观众热情。

Q070 描述工作业绩哪种做法更合适？

这是锐普给某市政府做的工作汇报 PPT 实例。

● "三个第一"铿锵有力，让观众对该市的工作业绩刮目相看，记忆深刻

● "较大、较快、较高"等都是四平八稳、模棱两可的词语，给观众的是毫无意义的观点，也不会留下印象

秘诀 070

不讲正确的废话

　　让观众打瞌睡的最好方式就是讲"正确的废话"。比如，常识、客套话、没有结论的陈述、与主题无关的观点、晦涩难懂的理论、模棱两可的描述等。尽管讲的都是对的，但观众是没有兴趣听下去的。观众需要的是：鲜明的观点、新颖的看法、有价值的判断。

Q071

PPT 尺寸
哪种做法更合适？

这是锐普给某开发区做的方案汇报 PPT 实例。

● 在 16:9 尺寸的页面比例，左右延伸距离较大，画面气势磅礴

● 在 4:3 尺寸的页面比例，左右两侧的范围被压缩了将近 1/4，画面就显得非常局促

秘诀 071

更宽的尺寸

　　人眼上下的视野范围是 120 度，左右的范围是 190 度，比例值为 0.63，这跟 16:9 的比例比较接近。所以，现在主流的 PPT 尺寸为 16:9，包括 25:9 以及 36:9 使用也越来越多。4:3 的尺寸已经被淘汰了。

Q072 产品介绍 PPT 哪种做法更合适？

这是锐普给某家居公司做的产品介绍 PPT 实例。

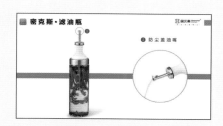

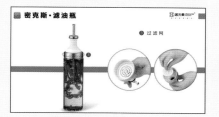
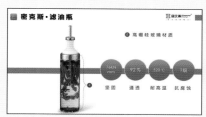

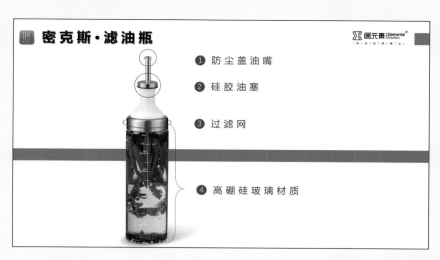

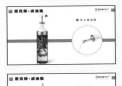

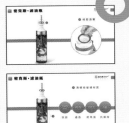

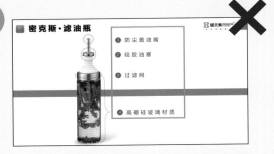

● 用了 4 个页面介绍滤油瓶的产品卖点，每一个卖点都用放大的图片或图表展示，每一个细节都清清楚楚，每一个亮点都能触动人心

● 在一个页面把 4 个卖点都列出来，每个卖点都只有一句话，没有画面的支撑，感染力较弱

秘诀 072

用细节打动人

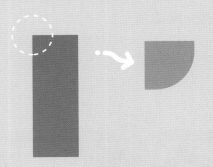

　　做 PPT 就像拍电影，大能包容天下，小能细致入微。切忌泛泛而谈、面面俱到，要用细节打动观众，在细节处做到极致，能打动观众的往往是细节。

Q073 展示手机特点
哪种做法更合适？

这是锐普给某科技公司做的产品介绍 PPT 实例。

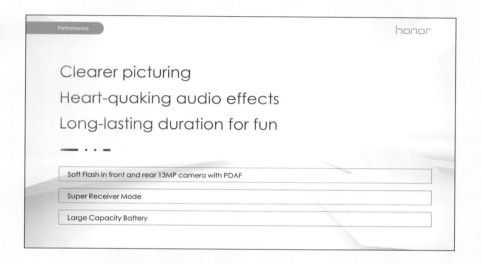

答案 B

● 选用新潮、漂亮的拍照女孩，可以营造手机使用场景，给消费者更直观的使用体验，对目标消费群能带来共鸣

● 只是用文字列举了手机功能，不能给观众带来直接的感官刺激，有点像学术性 PPT，感染力和说服力都较弱

秘诀 073

用生动的图片

图片的选用遵循"3B"原则——Beauty（美女）、Boy（儿童）、Beast（小动物）。针对不同的主题，选用这三类图片往往能够打动人心。

Q074 表现手机的大屏幕 哪种做法更合适？

这是锐普给某科技公司做的产品介绍 PPT 实例。

● 鲸鱼的头和鳍突破了手机屏幕的边缘，直接跳了出来，这样可以彰显屏幕之大

● 手机与背景分离，手机边框直接压在鲸鱼图片上面，画面显得有些压抑，屏幕的特点也不突出

秘诀

✦ 打破边界 ✦

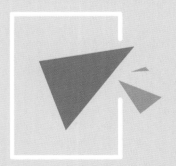

　　为了强调某种功能或特点，我们会让部分元素突破自己图层的限制，跨越到别的图层。这是一种夸张的表现手法，往往会带来震撼的效果。制作方法：在两个图片相交的区域画多边形，然后用边框与这个多边形做剪除操作，边框内的元素就凸出来了。

Q075 工作成果比较
哪种做法更合适？

这是锐普给某市做的城市管理汇报 PPT 实例。

答案 A

❶ 整治前的图片采用白色背景，弱化其分量

❷ 整治后的图片添加大幅的彩色背景，强化其分量，两者之间形成对比

❸ 三角形箭头具有比较强的引导性，引导观众注意前后的变化

❶ 整治前和整治后的画面采用同样的边框、背景，其对比关系不明显

❷ 中间的线条把画面一分为二，但会引导观众当作并列关系，而不是对比关系

秘诀 075

强化对比

　　对比可以营造强烈的视觉冲击力，能够把结果更直观地呈现出来。通过色彩、形状、面积、位置的反差，就能塑造比较强的对比效果。

Q076 项目成果演示 哪种做法更合适？

这是锐普给某监察机构做的工作汇报 PPT 实例。

● 以数字、信息流循环运动的视频做背景，图表保持相对静止，观众仿佛置身于一个科幻的世界中，思绪跟随画面而运动

● 纯色的背景静止不动，看起来比较乏味，观众容易走神

视频背景

　　人天生对运动的东西更敏感，静止的画面很难持续吸引观众注意力。使用视频背景，让 PPT 像电影一样，带给观众强烈的沉浸感。

Q077 介绍城市面貌 哪种做法更合适？

这是锐普给某市政府做的工作会议 PPT 实例。

答案 **B**

● 用高清大图展示城市管理风貌，每张图片都非常精细，带给现场观众较强的视觉震撼

❶ 图片只占了画面的 1/3，要看到细节就很费力

❷ 大面积与主题无关的白色背景容易分散观众的注意力

秘诀

✦ 满屏大图 ✦

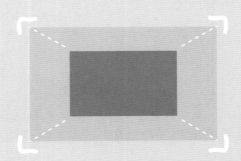

　　要实现电影级品质，就需要选用高清大图，并对图片做满屏展示。优点：一是沉浸感强，容易集中观众注意力；二是细节清晰，能给观众深刻印象；三是画面完整，冲击力强。

Q078 多张图片衬底 哪种做法更合适？

这是锐普给某科技集团做的公司介绍 PPT 实例。

答案 **B**

❶ Logo 是这页画面的主体，图片只是作为衬托

❷ 5 张图片做成倾斜的版式，与横摆的 Logo 群形成交叉，能增强画面活力，与"创新中心"相呼应

● 所有元素都呈水平摆放，画面比较规矩，而且背景中的人物、华表等若隐若现，容易让观众分神

秘诀 **078**

✦ 斜版更有活力 ✦

　　倾斜的背景给人以运动趋势，能提升画面的活力。与正文形成错位，强化画面的层次感。因为背景内容不容易辨认，观众会把更多的注意力放在主题上。

Q079 介绍冷链流程 哪种做法更合适？

这是锐普给某物流公司做的工作汇报 PPT 实例。

❶ 为烘托"冷链管理"氛围，用冰雪素材作背景

❷ 正文所用图片也偏冷色调

❸ 所有文字、图形都以黑色、蓝色为主

❹ 添加大小不一、远近分层的雪花，强化"冷"的感受

❶ 纯白的背景使画面显得单调

❷ 橙色的文字、橙色的图形与希望强调的冷链业务相互矛盾，会削弱对主题的表达

秘诀 079

✦ 营造场景氛围 ✦

　　场景感是不需要观众阅读、聆听或思考的，而是在不知不觉中就能感受到的氛围。通过图片、图标、图形、色彩等元素，制造与主题相关的场景，强化观众对主题的理解。

Q080 展示数字 哪种做法更合适？

这是锐普给某医疗机构做的产品发布会 PPT 实例。

● 把数字 210 放大到 240 号，作为整个画面的主视觉，所有元素都用来烘托这个数字，视觉冲击很强，能让观众铭记在心

● "截止 2018 年年底爱尔眼科已累计成功完成"为说明性文字，并不是强调的重点，居于画面的中心，会弱化数字的表现力

秘诀 080

✦ 放大数字 ✦

　　数字是 PPT 中最有说服力的元素之一。放大，再放大，让所有的观众都能感受到这个数字的冲击力。

Q081 人物介绍 哪种做法更合适？

这是我做的自我介绍的 PPT 实例。

答案 Ⓐ

● 选取了近距离特写照，坚毅的眼神、有力的手势、严肃的表情，会给观众带来较强的视觉震撼

❶ 人物只占据了画面的 1/5，细节展示不清晰，很难聚焦观众目光

❷ 讲台、电线、座牌等无关紧要的元素反而会分散观众的视线

秘诀 081

突出人物细节

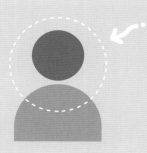

　　细节最有冲击力。当我们对特定的人物、建筑、产品等做介绍时，主视觉越大、细节越清晰，对观众造成的感官刺激越强。

Q082 提案封面
哪种做法更合适？

这是锐普给某汽车公司做的项目提案 PPT 实例。

答案 **A**

● 在干净的画面添加了霸气的奔驰汽车图片，非常醒目，并让观众倍感亲切

● 纯粹的文字和线条不太能引起观众的注意，也不会给观众留下太深刻的印象

秘诀 **082**

✦ 添加主题图片 ✦

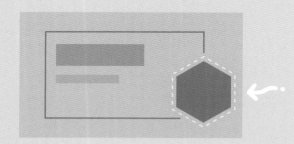

　　人，天生对文字、图形等抽象的元素不敏感。如果在抽象的画面里添加一张震撼的图片，比如人物、动物、产品等，会大大增强画面的冲击力。

惊喜

SURPERISED

第 ⑤ 章

———

想不想让你的 PPT 独一无二？想不想
让你的观众获得惊喜？快收下这 18 个
神奇的创意吧！

Q083 金融课件封面 哪种做法更合适？

这是锐普给某金融公司做的培训课件 PPT 实例。

答案 **B**

❶ 标题采用了庞门正道字体，比较醒目，也比较有个性

❷ 用金元宝图案替换了"融"字中的"口"，很好地表达了"金融"概念。做法：画一个小长方形覆盖住"口"，让"融"字与长方形做"合并形状／剪除"，然后插入一个元宝图形即可

❶ 标题选用了普通的黑体，字体没有做设计

❷ 四周缺少金币等装饰元素，画面显得空

字体设计

　　对标题进行简单的字体设计，可以避免字体版权纠纷，也能带来个性化效果。字体设计并不难，以下三种手法就可以让普通的黑体"健康"大变样。

健康　　　　**健康**　　　　**健康**

图形代替笔画　　　笔画变形　　　文字连为一体

Q084 化工企业封面 哪种做法更合适？

这是锐普给某化工集团做的企业介绍 PPT 实例。

❶ 在标题底部添加了该集团 Logo 中的辅助图形（笔刷"C"），可以强化文字的整体感

❷ 弯曲的地平线更有气势，城市密布，跟主题"生活"相呼应，弯曲的河流与辅助图形"C"字相呼应，更能体现企业特性

❶ 标题处文字有些单调，也相对分散

❷ 背景选取了一片山野，缺少化工与生活氛围；没有 Logo 及与之相呼应的元素，显得平淡

秘诀 084

✦ Logo 衬底 ✦

别小看了 Logo，在 PPT 中，经常把 Logo 图案做成黑白灰或半透明效果，放大并置于标题、图片、产品底部，用来强化 PPT 的专属特征。

Q085 表现绿色世界
哪种做法更合适？

这是锐普给某化工集团做的企业介绍 PPT 实例。

❶ 青翠的竹林体现了"零排放""绿色"

❷ 世界地图体现了"世界"的概念，竹林和世界地图融为一体，更好渲染了主题"零排放绿色世界"，低调、含蓄、有内涵

● 这张图片也表达了"零排放""绿色"的概念，但并没有体现出"世界"级的担当，给人的印象平平淡淡

秘诀 085

✦ 一图双关 ✦

　　PPT 表达的观点一般都是复杂的，需要我们透过表层看到背后的深意，选用图片时，除了表达核心观点外，还要兼顾次要观点和隐含观点。

Q086 推介会哪种做法更合适？

这是锐普给某电商集团做的推介会 PPT 实例。

答案 B

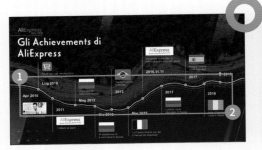

❶ 因为是在意大利的发布会，借用一张地中海沿岸的航拍图为背景，把时间节点沿海岸线排列，现场嘉宾倍感亲切

❷ 四条曲线由强到弱，模拟海岸线的层次，非常逼真

● 模板化的表现形式不会给人留下深刻的印象

秘诀 086

借用图片趋势

　　山川、建筑、海岸、河流、街道、楼梯、植物等的边缘都是有变化的，当我们描述发展历程、数据增减、未来规划等趋势性内容时，可以用比喻的手法让两者融合在一起，带给人惊喜。

Q087 目录设计 哪种做法更合适？

这是锐普给某办公家具集团做的企业介绍 PPT 实例。

答案 A

● 放大了 Logo 中最有个性的元素，与目录性文字融为一体，作为画面主视觉，具有很强的冲击力

❶ 文字孤悬于背景，四周空，显得单薄

❷ 整个画面缺少该公司特色，比较平淡

秘诀 087

放大 VI 元素

　　企业 VI 系统中特定的 Logo、辅助图形、专属字体、专属颜色等都是企业的基本元素，善于使用这些元素，用来做 PPT 的装饰、强调、区隔等，都能给观众留下深刻的印象。

Q088 展现企业荣誉 哪种做法更合适？

这是锐普给某医药公司做的产品介绍 PPT 实例。

答案 **A**

● 搭建一个模拟的墙壁场景，给证书加上相框，挂在墙壁上，射灯一照，光彩夺目

● 在一个渐变的背景上，证书排列规整，看起来不够真实

秘诀 **088**

✦ 搭建证书墙 ✦

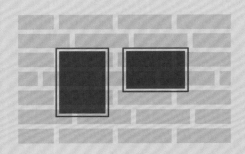

　　每一个对象都不是孤立的，它一定有一个适合的场景。场景化展示，就是让对象以最合理和最自然的方式呈现在观众面前。证书的场景是墙壁，沙发的场景是客厅，文具的场景是书桌，手表的场景是手腕，老师的场景则是讲台……

Q089 表现章节切换 哪种做法更合适？

这是锐普给某医院做的医院介绍 PPT 实例。

❶ 在章节页里，把 01、02、03 等容易理解的序号一分为二，把标题放在中间，造型独特

❷ 背景为灰色图片，数字处填充了彩色图片，标题更突出

● 把序号和标题很常规地摆在画面中间，你不会觉得这家医院有多高端

秘诀 089

文字分割

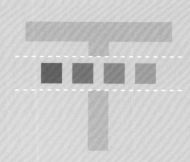

　　文字也可以像图形一样使用。比如，放大变淡融入背景、缩小似线变成装饰、笔画拆解错位摆放、删除笔画变得更艺术等，这些独特的效果都能让观众眼前一亮。

Q090

展现专属性
哪种做法更合适？

这是锐普给某通信公司做的企业 PPT 模板实例。

● 把移动公司的 Logo 融合在贝壳上，"北海"和"移动"完美体现，一举两得，客户看了赞不绝口

● 这样的模板缺少专属性，北海电信可以用，东海联通也可以用，甚至南海的渔民也可以用

秘诀 **090**

Logo 融入图片

再美的画面，不是自己的，都没有说服力。但如果把一些元素打上自己的 Logo，那就是独一无二的了。

Q091 封面标题设计
哪种做法更合适？

这是锐普给某电商集团做的企业介绍 PPT 实例。

答案 B

❶ 用等高线构筑山海连绵的背景,体现"全球电商"概念

❷ 把 Logo、名称、标语做成一艘轮船的样式,符合"品牌出海 首选平台"的主题

● 标题孤零零地摆在背景上,并没有融入背景,标题就是标题,背景就是背景,看起来有些突兀

秘诀 091

标题图形化

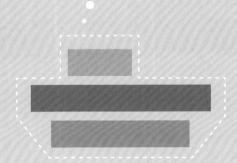

标题并不是独立于背景存在的。可以根据背景的构图和标题的内涵把标题做成图形,让它成为整个画面的一个组成部分。

Q092 文字与图片结合 哪种做法更合适？

这是锐普给某体育品牌做的企业介绍 PPT 实例。

❶ 为体现运动感，选择一个锐利的字体，并且添加倾斜效果

❷ 在文字和人重叠的地方，沿人体边缘对文字进行剪切处理，让人的肢体从文字中穿透出来，营造强烈的速度感

❶ 采用宋体的文字，缺少力量

❷ 文字直接放在图片顶部，与图片背景相互独立，画面呆板，人物的运动趋势也表现不出来

秘诀 092

图文穿插

　　标题和图片之间做穿插效果，可以营造强烈的动感和活力，在时尚、体育、科技、文化等领域都可以广泛采用。

Q093 时尚公司图表哪种做法更合适?

这是锐普给某时尚平台做的商业计划 PPT 实例。

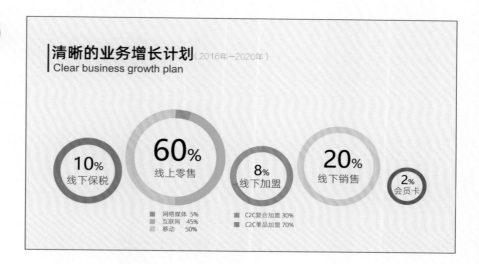

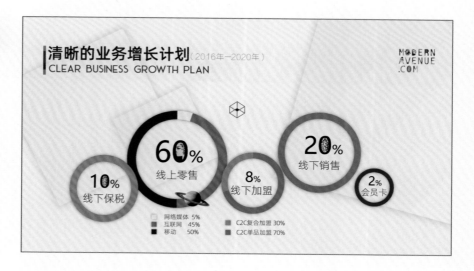

答案 Ⓑ

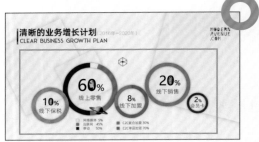

● 从其 Logo 中抽取了炫彩、星体、眼睛、头像、花纹、立方体等元素，装饰在图表、数字、项目符号等地方，充分彰显其个性

● 直接套用模板配色，也没有运用辅助图形，排版中规中矩，这样的 PPT 没有时尚行业的特色，也不能给投资人留下深刻的印象

秘诀 **093**

个性化样式

　　个性就是价值，服装、珠宝、美容美发、家具、文化艺术等时尚产业更是如此。需要抽取个性元素运用到 PPT 的各个方面。

Q094 饼形图表
哪种做法更合适？

这是锐普做的全球海军新增吨位图表 PPT 实例。

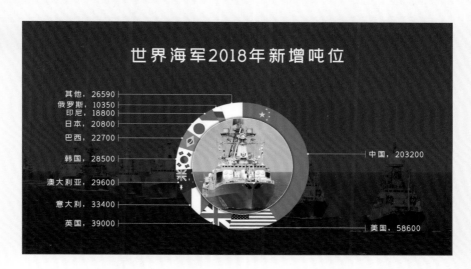

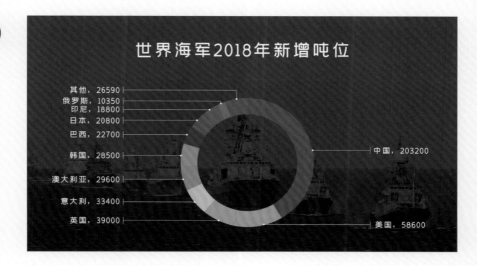

答案 A

❶ 用国旗填充各个扇区，可以让观众区分各个国家，一目了然

❷ 在中间空白的区域，让背景里的军舰透出来，强化了视觉焦点，进一步强化了"海军"主题

❶ 一个普通的环形图，观众只能通过阅读文字来区分不同国家，很不直观

❷ 背景和图表颜色黯淡，整个画面缺少焦点，主题也不够明确

秘诀 094

✦ 填充图片 ✦

　　图表所展现的内容一般都是逻辑性的和抽象性的，人类对这种信息自然是排斥的。如果用具象的图片填充图表的各部分，将极大增强图表的可视化和吸引力。

Q095 条形图表 哪种做法更合适？

这是锐普给某汽车公司做的发布会 PPT 实例。

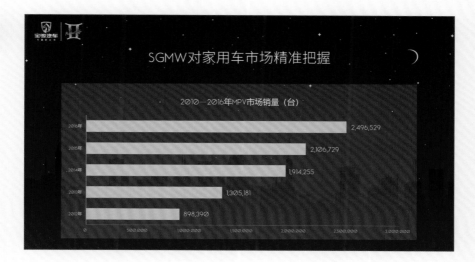

答案 Ⓐ

● 基于汽车公司的行业属性，把该公司汽车的图标填充到各个条形图，观众一眼就能看出行业属性，还强化了对该品牌汽车的记忆

● 用色块填充的条形图常见，不形象

秘诀  095

✦ 填充图标 ✦

对于色块型图表如柱形图、条形图、饼形图、面积图等，填充与内涵有关的图标就比纯色块更形象。

Q096 表现发展历程 哪种做法更合适？

这是锐普给某物流公司做的发展历程 PPT 实例。

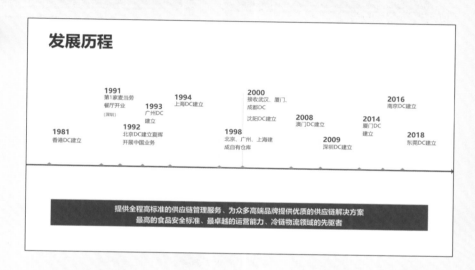

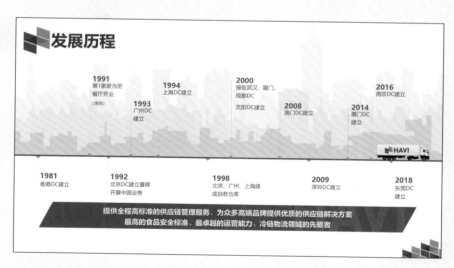

答案 **B**

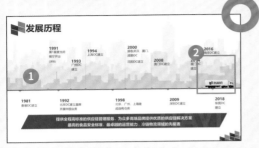

❶ 高楼大厦林立的背景，符合物流公司发展的场景

❷ 印有 Logo 的物流车能够强化产品特性和品牌属性

● 单纯的直线和文字单调，缺乏场景，不会给观众留下深刻的印象

秘诀 **096**

打造专属样式

　　独一无二是高端 PPT 的基本要求。每个页面都要根据演示主体、演示内容、观众而进行个性化设计。把你的 Logo、产品、所在城市等元素跟内容融合起来，打造你的专属样式。

Q097 表现业务布局 哪种做法更合适？

这是锐普给某超大集团做的企业介绍 PPT 实例。

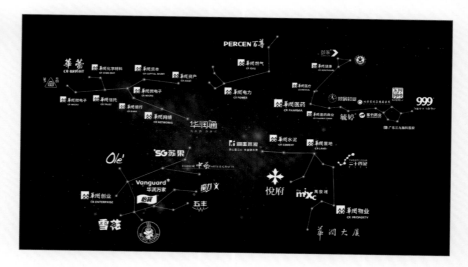

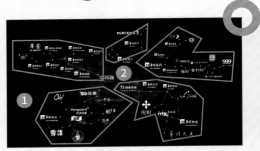

❶ 以浩瀚的星空做背景，营造大气的场景，符合 500 强企业的气质

❷ 把该集团 40 多个业务划分为五个大类，并用五个星系来比喻这五个大类之间的关系，清晰、大气、一目了然

❶ 背景单调

❷ 观众看到的就是一堆 Logo，看不懂各个品牌之间的逻辑关系和该集团的布局

秘诀 097

Logo 场景化排列

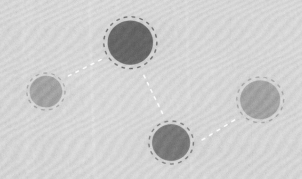

　　万事万物的背后都有其内在逻辑。看似杂乱的客户 Logo 背后，也是有其排列线索的。找到线索，并有序排列，让观众更容易理解。

Q098 表现营销策略 哪种做法更合适？

这是锐普给某酒业做的产品发布 PPT 实例。

A

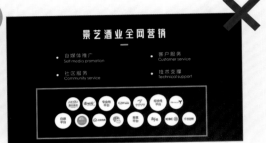

● 先把这些渠道 Logo 随意排列，然后汇聚到其酒瓶中，寓意众多销售渠道皆为该酒业所用。演示现场观众一阵惊叹

● 规整的 Logo 列表缺少个性，不会给观众留下深刻印象

秘诀 **098**

用行业特色图形

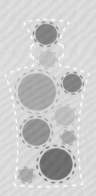

　　各个行业都有一些特色的图形，比如汽车行业的车、酒类行业的瓶、科技行业的电路板、律师行业的槌……如果把抽象的演示内容如人物介绍、发展历程、产品列表、工作业绩、客户列表等与这些具象的图形结合起来，会带来不一样的体验。

Q099 运输集团 PPT 封面 哪种做法更合适？

这是锐普给某跨国运输集团做的企业介绍 PPT 实例。

答案 B

● 在以白天到黑夜过渡的繁华都市背景上，弧形线条以及运输相关的图标（汽车、飞机、轮船、火车等）在上空穿插运动，营造了一种科技感十足的繁忙运输场景，主题突出

● 一张城市照片衬底，两行文字置于上方，难以传达运输公司的行业属性

秘诀 099

虚实结合

通过给图片添加简洁的线条、图标、图形等元素，虚实结合，可营造科技感、未来感、轻松感、流动感等效果。

Q100 客户 Logo 列表 哪种做法更合适？

这是锐普给某金融公司做的企业介绍 PPT 实例。

217

● 把客户 Logo 排列成钻石形状，能凸显客户的尊贵性，符合金融公司的行业特征，也给人耳目一新的感觉

● 直接把客户 Logo 摆成矩形，但看起来杂乱又平淡

秘诀 **100**

✦ 把 Logo 拼成图形 ✦

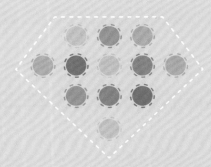

　　Logo 不一定都要规规矩矩地排列，根据行业属性、Logo 样式，把 Logo 拼成特定的形状，会给观众留下深刻的印象。

PPT水平翻倍的秘密

我知道，看到这一页的时候，你一定感觉很过瘾，认为自己的PPT水平已经有了明显的提升。

你错了！你实际上只提升了10%，因为书中所讲的90%的秘诀已经被你遗忘或忽略了。

要让你的PPT水平翻倍，你还需要做到以下3点：

❶ 把本书放在书桌或床头，确保你随时可以翻阅。

❷ 只看偶数页，强化秘诀记忆，确保100条秘诀100%记住。

❸ 只看奇数页，检查学习效果，确保100个题目100%正确。

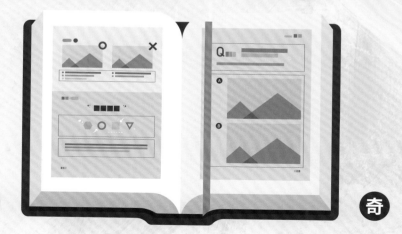

感谢你！

你在PPT方面的每一点提升，
都是对这个世界审美和沟通的贡献！

参与本书编写的人员还有：
吴建、吴娜、杨明宇、孙汶娟、刘凯、王丽俊、张腾腾、邓尧天、
刘精峰、周亚磊、范维利、王雪梅、陈梅、全月、林学兰、沙玉娟、
陶钰、刘一霖、王华、杨娇、杨晨航、胡乔云、熊王、蒙晓光、
潘燕兴、陈学芹、方毅、陈丽、何伟、胡军、倪浩元、李祥，

在此表示衷心的感谢！